翻轉學

翻轉學

翻轉學

翻轉學

高效領導者的工作好習慣

真正的強勢管理，來自43個反直覺的關鍵原則

リーダーの「やってはいけない」

吉田幸弘——著　葉廷昭——譯

目錄

第3章 激發團隊潛能的「交辦習慣」

第4章 帶動團隊效能的「溝通習慣」

第5章　讓部屬心服口服的「賞罰習慣」

第6章　不浪費彼此時間的「開會習慣」

前言
培養不造成管理反效果的工作習慣

「謹慎安排計畫。」

「團隊共同追求零失誤。」

「告訴部屬，隨時可以來商量問題。」

想必有些讀者認為，身為主管應該做到前述這些要求。很多管理領導和培育人才的書籍也都這麼寫。

可是，如果我告訴你這些行為會有反效果，你應該會很驚訝吧！

我每年替各大企業舉辦人才培育講座，場次超過一百三十場以上，參加的都是企業經營者和中階主管。

我看過很多無能的主管，**前述的三大要項，就是無能主管的共通行為**。

這種看似正確、實則錯誤百出的行為，這裡只介紹了一小部分，其實還有很多沒講到的例子。

大部分主管用的都是錯誤的方法，而他們自己並沒有注意到這一點。

相對地，有些方法乍聽之下很奇怪，但能力好的主管都會採用。好比前面的三大要點，能力好的主管會反其道而行。

「安排大略的計畫就好。」

「主管主動打破零失誤的目標。」

「規定一段禁止討論的時間。」

這些方法看起來很奇怪，但你詢問能力好的主管為何要這樣做，他們都會給一個令人茅塞頓開的答案。簡單來說，這些方法自有一套道理。

懂得採用這些方法的主管，他們的團隊永遠充滿活力，部屬也會自動自發解決問題，敦促自己更上一層樓。

本書會用對比的形式，來探討「看似正確、實則錯誤百出」的管理領導，以及「看似詭異、實則有效」的帶人好習慣。

好主管和壞主管之所以有這麼大的差距，跟職場環境的變化也脫不了關係。

現在難搞的人越來越多，草莓族、年長又不聽話的部屬比比皆是。

身為主管本來就很忙碌，縱使有心培育人才，也沒那個時間。

現在的職場環境跟以前完全不一樣，無能的主管卻堅持老派的方法，拿不出任何成果；能力好的主管則不斷吸收新知，拉拔部屬一起創造成果。

這才是我撰寫本書的動機，我認為有必要喚醒大眾重新思考，什麼樣的「主管形象」才符合時代需求？

接下來，請容我詳細介紹一下個人經歷。

別看我現在每年召開上百場的人才培育講座，其實我一開始稱不上能力好的主管。

我剛當上主管時，跟周圍缺乏交流溝通，手段也強硬到近乎職權騷擾，甚至還有被降級的人事經驗。

而且，我被降級了三次，不只一次。

不過，我臥薪嘗膽學習好主管的做事方法。漸漸地，我終於了解何謂能力好的主管了。

想通以後，一切都變得一帆風順了。

最後，我得到一個美好的經驗，連續三年榮獲公司的最佳員工獎。

回顧以前失敗的經驗，我發現自己太執著於刻板的主管形象。

那時，我身為主管，腦子裡卻只考慮到自己，完全沒有重視眼前的部屬。我每天百思不得其解，為什麼我已經很努力了，卻永遠得不到好的結果？

等我真正成為一名能力好的主管，我才懂得考慮部屬和團隊的狀況，用不拘常規的方法隨機應變。

如果你跟以前的我一樣，明明很努力卻得不到回報，那你更應該讀這本書。

當然，我會儘量舉簡單易懂的實際範例。未來要當主管的讀者，相信也能從中得到一些啟發。

不管是什麼樣的讀者，看完一定都會有醍醐灌頂的驚喜。

然後，**請你先嘗試執行好主管的好習慣**。

我挑選的都是很實用的技巧，每一項都合乎邏輯，你很快就能感受到部屬的變化。

希望本書可以幫助各位當上更好的主管。

第1章

提高團隊效率的「做事習慣」

01 替團隊設定禁止回信時間

當上主管後，接收的郵件數量自然也會增加。跟其他部門的交流一定會變得頻繁，還要接收部屬的郵件和副本。有些人可能一天要收幾十封，甚至數百封郵件。

不少人認為，收到郵件要盡快回覆才行。

過去，我剛當上業務經理時，也以「努力取悅客戶，比其他單位更快回應」為目標，要求自己馬上回信。可是，**整天忙著回覆郵件根本沒時間工作**。

有一天，我跟部屬A約好下午三點會談。到了約定的時間，我叫A來談話。A起身的那瞬間，發現T公司傳來的公事郵件。A請我稍等五分鐘，等他回完信就會過來。

然而，我等了十幾分鐘A都沒過來。最後，我不耐煩直接跑去叫人，A說那間公司的負責業務問了一些較為繁瑣的問題，因此回覆特別花時間。

我率領的團隊以「盡快回應客戶要求」為目標，每個人都很在意自己的電子信箱，不是只有A才那樣。

開完會就要確認信箱，吃完午餐也要確認信箱，大家永遠忙著回覆郵件。

其中最大的問題是，**我們在營業時間幾乎無法處理有建設性的工作**，好比製作企畫書或提出企畫方案等。

員工整天都在留意電子郵件，一旦集中力被電子郵件打斷，要恢復原來的專注狀態得花上更多的時間。

假設一次回信要花五分鐘，一天確認信箱二十次就要花上一百分鐘。

這種收到郵件就要馬上回覆的病，只會拖延員工的下班時間，還會降低工作品質和效率。

各位不妨思考一下，電子郵件真的有必要馬上回覆嗎？

以我個人為例，我目前在全國各地舉辦巡迴演講和座談會。座談會通常要花一整天的時間舉行，午休時間我得陪主辦者一起吃飯，根本沒有回覆郵件的時間。我只有早上會確認一次信箱，等到傍晚時再回信。

可是，也沒有人抱怨我太晚回信，而把合作機會讓給其他公司。換句話說，電子郵件沒有馬上回覆的必要。

能力好的主管會替自己的團隊，設立一個**「禁止回信時間」**。

所謂的「禁止回信時間」，是在特定的時段內專注處理手邊工作，禁止打郵件、講電話、跟同事交談。員工才能專心坐在辦公桌前，努力從事有建設性的工作。

這是參考女性內衣公司黛安芬（Triumph）的政策：「努力時段」。

此外，最好跟每位成員打聽一下，他們在不同時段會收到多少重要郵件，然後把「禁止回信時間」設定在比較不影響業務的時段。

像客服中心這一類的單位，一定要有人負責回覆信件，那麼「禁止回信時間」也可以改成輪班制。

話雖如此，主管常會接到部屬的緊急報告，或是尋求指示的郵件，有時候也確實要馬上應對才行。

這種情況下，請你的部屬儘量打電話給你。用電話下達指示的速度比較快，部屬也比較不會害怕打電話給上司。

02 計畫不必完美，大略更勝謹慎

某家公司有A和B兩名主管。

A的性格非常謹慎，計畫一定要安排得滴水不漏、萬無一失。因此，A會盡可能蒐集大量的資訊，再安排縝密的計畫。

反觀B只要一想到什麼方案，就會先安排大略的計畫。B習慣先假設一個可行的方案，然後直接採取行動，哪怕缺乏根據或誤打誤撞也沒關係。**這個時代需要的是後者那種「安排大略計畫」的主管**。

比方說，要販賣某項新產品的時候，A跟部屬會討論商品符合哪個業界的需求。

他們會評估風險，安排詳細的計畫，以免浪費寶貴的時間。

可是，實際採取行動後才發現，他們詳細安排未來三個月的計畫，根本派不上用場。他們認為自家商品很符合某兩個業界的需求，各打了一百通電話，可惜只有兩、三家企業感興趣，銷售額更是掛零。

相對地，B一開始靠直覺鎖定三個業界，馬上列出電訪清單，每一個業界各打十通電話試水溫。結果，其中一個業界有三家企業很感興趣，B的團隊立刻全力搶攻該業界，又打了一百五十通電話，這次有三十家企業很感興趣，最後他們簽下十張訂單。

身為主管的人都講究邏輯思考，我看過不少主管一定要有依據才肯行動。

各位別誤會我的意思，我不是說理性思考不好。但不採取實際行動，想再多也有可能只是紙上談兵。

事實上，直覺並不是胡亂瞎猜。那是當事人利用過去的經驗，在瞬間下的判斷。

換句話說，直覺也有一定的依據，只是當事人通常沒發覺而已。

各位拜訪客戶的時候，應該也有類似的直覺經驗吧？有些人跟你相談甚歡，但你總覺得對方不會跟你簽約；也有人談起話來冷冰冰的，卻很有合作的機會。

老手的直覺比新人的更準確，原因就如同像我剛才說的，直覺的判斷基準取決於過往累積的知識和經驗。

二戰名將喬治·巴頓將軍說過一句名言**「明天的完美計畫，比不上今天的好計畫」**，這也說明了盡快行動的好處。

總之，先試跑一次 PDCA* 循環式品管步驟，跑完以後再來安排計畫。這時候安排的計畫，會比最初的更精確。如此率先嘗試，用循環式品管步驟改善缺失，就能逐

＊指按照「Plan」（計畫）、「Do」（執行）、「Check」（查核）、「Action」（行動）四步驟循環，以提升產品品質和生產效率。

步邁向成功。

世界知名的棒球選手王貞治，打出了八百六十八支全壘打，被三振的次數更高達一千三百一十九次。他失敗的次數比誰都多，所以成功的定義不是完全沒有失敗，而是跨越失敗邁向成功。

很多人擔心失敗會被旁人取笑，請你具體思考一下，自己到底會面臨什麼樣的嘲弄。仔細思考你會發現，其實你根本想不出什麼被害情境，就算有也沒什麼大不了的。

不然，我們來思考失敗後蒙受的損失好了。在絕大部分的情況下，實際上的損失都沒有你想像的大。

如果一間公司只會獎勵維持現狀的主管，勇於挑戰的主管反而遭受處罰，那麼你該思考的是跳槽才對。部屬看到主管投鼠忌器，也不會嘗試任何挑戰。

照這種邏輯思考下來，各位都能擺脫謹慎安排計畫的思維了吧。

03 視運作狀況適時調整制度、規則

業務規則、新人守則、確認清單、寄件規則、檔案管理規則、失誤檢討報告、報價單、帳單發行系統……

這些關乎規則或準則的制度，主要用來提升員工的業務效率，讓業務素質保持在標準水平以上。從法治的觀點來看，這也是保護企業和員工的東西。

無能的主管建構出一套制度，就自我滿足了。

確實，建構制度本身也不容易。不過，制度不拿來運用一點意義也沒有。

如果建構制度只是用來自我滿足，那麼至少會發生以下幾個問題：

業務規則「徒具其形」

假設我方接到客戶的訂單以後，在當天下午五點前聯絡生產管理部門，三個營業日以後倉儲就會收到貨品。可是，有些資深的業務不會遵守期限，還有人會強迫生產管理部門在兩個營業日後交貨。

失誤檢討報告「形同虛設」

設置一套檢討機制，讓部屬共同警惕可能發生的細微失誤，這麼做本身立意良善。但一般人都不願承認自己的過失，不見得會老實提交報告書，甚至會有隱瞞缺失的狀況。

報價單「本末倒置」

主管好心製作共用的表格，減少部屬製作報價單的時間。可惜 Excel 表格的函數設定有問題，到頭來還是要用手動修改的方式，反而比各自製作報價單更花時間。

這些問題的癥結在於，主管建構制度後不關心使用狀況，部屬才會深受其擾。而且，部屬也不敢主動提出改善方案，問題就這麼擱置下去，拉低團隊的生產性。

能力好的主管建構制度後，會仔細確認運用的成效。具體來說，要關注以下三個重點：

運用後，詢問部屬的意見

主管應該主動詢問部屬，新的制度採用後有沒有什麼問題或缺失。

有問題要馬上判斷是否需要改進，絕不因循苟且

部屬一旦指出新制度有缺失，主管要判斷是否有必要改進，並且展現出因時制宜的做事態度。規則應該配合狀況改變，這樣的思維非常重要。

例如：剛才提到的報價單表格，若新表格沒有達到設計目的，那就要立刻改善了。另外，設立業務規範一定要傾聽資深業務或相關人士的意見，有必要就提出改善規則的方案。

你要了解資深業務為什麼不採用你的規則，否則修正方向只會越差越遠，得不到下屬的認同。

敦促部屬貫徹新的制度

前文提到部屬不肯提交失誤檢討報告的例子，這種情況未來很可能引發重大的問題。與其改變規則，不如苦口婆心敦促部屬，請他們好好遵守新的制度。

同時你要找部屬討論，什麼樣的報告方式對他們來說比較方便，能力好的主管絕不會疏忽這種不起眼的小事。

04 廢除繁雜又沒效益的日常工作

過去我任職的公司要寫業務日報，而且項目非常繁雜，每天最多要花半小時以上完成。項目包含客戶的公司名稱、住址、聯絡人姓名、需求、談話內容、簽約可能性、員工人數、營業額等。

我多次跟上司反應，報告根本不需要這麼多項目。上司每次都說他也沒辦法，畢竟那是公司的規定。

人類經常做一些沒必要的事情，理由是將來可能派上用場，要用的時候比較方便；也有人認為事先多做準備，以後就有備無患。

以業務日報來說，公司要求我們寫下每家客戶的員工數量，以後就可以針對規模較大的公司進行推銷。

可是仔細思考你會發現，員工數量和營業額是隨時在變動的。寫在報告中的數據只會變成毫無意義的空洞資料，有需要時直接調查還比較快一點。

我真正想表達的，不是減少業務日報的項目。

無能的主管在這種情況下，只會思考要減少哪些不必要的項目。

能力好的主管，會思考業務日報是否真有必要。換句話說，**主管應該考慮廢除沒意義的工作，而不是以持續下去為前提**。

工作的目的在於獲得成果，無法提升成果和顧客滿意度的工作，本來就不該做。

有一種很知名的業務效率提升法，叫**ECRS分析原則**。

這是按照下列四大程序，來思考如何改善業務：

- **Eliminate（取消）**
- **Combine（合併）**
- **Rearrange（調整順序）**
- **Simplify（簡化）**

無能的主管會先思考S這一要素。

再以業務日報為例，無能的主管明知業務日報毫無意義，卻擔心廢除以後沒資料可看，或是擔心員工沒事做偷懶，所以寧可刪減其中的項目，也不願意澈底廢除業務日報。

確實，刪掉員工數量和某些項目，能省下一些製作報告的時間。問題是，業務狀況不會有大幅的改善。

能力好的主管會先考慮E這項要素。

也就是直接廢除業務日報，而不光是刪減其中項目。

請按照以下三大重點，探討是否應該廢除某項工作。

能否創造價值？

請回歸原點思考，這項工作能否替組織創造明確的利益？不要去思考未來可能創造多少價值。

到底是為誰做的？

以業務日報為例，如果寫報告只是因為上司偶爾想看，無法創造組織整體的價值，那還是廢除比較好。萬一上司沒資料看很困擾，不妨用顧客清單之類的東西代替。

廢除是否會發生問題？

就算廢除一件工作對利益沒影響，也要思考是否會發生其他大問題。搞不好你的客戶會覺得很困擾，或者負責業務不在公司的時候，沒有報告可以掌握業務狀況。請以前述基準來判斷。

第2章

讓人人發揮所長的「帶人習慣」

05 不當王牌，發揮幕後功臣的影響力

某家公司有A和B兩名主管。

A很擅長一個人衝鋒陷陣，開拓新的客源。

B平常表現不太起眼，但在關鍵時刻會提出嶄新的企畫案，也很擅長維持重要的人際關係。

以棒球為例，A就是以速球決勝的先發王牌投手，B則是在關鍵時刻壓制對手砲火的終結者*。

許多主管都想當A那樣的類型，衝在部屬前面打頭陣。

不過，**像A那種「王牌型」的主管，培育不出真正有能力的部屬。**

以我自己的經歷為例。

有一次我率領的團隊，只差一點就要達成當月的目標營業額了。尤其上半個月的業績不太好，能急起直追到這地步也算了不起了。眼看活動時間還剩下一個週，我決定拉拔部屬再衝一波業績。於是，我在某天傍晚的會議上，信誓旦旦地說道。

「再賺一波我們就達標了，我絕對會拿到〇〇營業額，剩下的交給你們了。」

不料會議結束以後，我的身體不太舒服。想必各位也料到了，我居然在關鍵時刻

＊在棒球比賽中，終結者（Closer），早期被稱為救援投手。

生病了。

到頭來，我沒達成自己設下的目標，我率領的團隊也同樣沒有達標。過去部屬都是靠我打頭陣，沒有我在前面衝鋒陷陣他們就失去拚勁了。之後幾個月，我的團隊成績不斷下滑。

我這才明白，靠自己打頭陣是有極限的。

相對地，有些人還沒當上主管時能力平庸，當上主管後卻開始發光發熱。

我一直思考到底雙方差在哪裡，最後終於讓我想通了。

其實，那些當上主管才大顯身手的人，根本沒做任何事情。

嚴格來講，他們不是真的毫無作為。

換言之，**那些主管沒在檯面上與部屬爭輝，而是專門負責輔佐的工作**。

這跟終結者的職責有些類似。

終結者在比數相近的時候會登板救援，投球數本身並不多，但他們要在牛棚做好萬全的準備，應付各種可能發生的狀況。

而且，面對再大的困境也要設法挽回劣勢，做不好還會被罵到臭頭，可以說是吃力不討好的工作。

我發現優秀的主管跟終結者有相似之處。此外，兩者還有幾個共通點：

- 都不是主角（很少接受英雄式的採訪）
- 要面對各種狀況（輔佐各式各樣的部屬）

也就是說，主管應該成為輔佐部屬的終結者，發揮「幕後功臣的影響力」，而不是當一個衝鋒陷陣的王牌，發揮「英雄的影響力」。

這樣一來，就不會有「孤臣無力可回天」的問題了。

最重要的是，部屬會產生自動自發的責任感。

主管退居二線當幕後功臣，部屬才有機會當主角。讓部屬當主角，他們才不會有事不關己的心態。想當然，部屬的成長速度比以前更快，你也會更快獲得成果。

06 把部屬當夥伴，不如當客戶對待

每家企業都有業務部門和製造部門，這兩者屬於對等的關係，並沒有上下之分。

上司和部屬也一樣，雙方是各司其職的夥伴關係。

然而，擅長培育人才的主管，會讓雙方的關係更進一步。擅長培育人才的主管，**會將部屬當成「客戶」來對待**。

通常我們會優先思考如何取悅客戶和提振公司的業績。也就是把客戶擺在第一位，來思考改善業務的方法。擅長培育人才的主管，在建立這段雙向關係時，也是把部屬擺在第一位。具體來說，要注意以下三個重點。

思考怎麼讓部屬獲得功績

我現在主要透過顧問和研修等工作，和客戶保持合作夥伴的關係。不過，我從不認為客戶的業績提升或離職率下降，是我提供意見的功勞。

然而，有些主管看到自己的部屬成長，就會到處炫耀那是自己的功勞。

這種主管絕不會得到部屬的信賴，他們在談論部屬的時候，是把自己擺在第一位。

你看運動選手比賽奪冠以後，沒有任何一個教練會說那是自己的功勞。

如果有哪一個教練敢那樣講，立刻就會失去選手的信賴。

的確，當上主管以後「被稱讚的次數」會減少。這是無可奈何的事，想要獲得讚賞的人不妨多多稱讚自己，或是犒賞自己吃點美食，不然去溫泉旅行也不錯。

各位別小看犒賞自己的重要性，每個人或多或少都有「想得到讚賞」的認同需求。

主管要養成定期稱讚自己、犒賞自己的好習慣。

思考你的作為是否真的對部屬有益

有的主管說自己責備部屬，是為了部屬好，但他們也沒有提出具體的改善方案，就只是一直否定部屬。

我就看過有主管叫部屬修改報告，部屬修改後拿去給主管檢查，主管又挑其他毛病叫部屬修改，前前後後總共改了五次。而且那個主管下班喝酒時，還跟同事炫耀自己今天挑了部屬多少毛病。

這就是典型的把自己擺在第一位的主管，他們純粹是靠責備部屬來消除壓力，根本是胡亂動用職權欺負部屬的上司。

不想成為這種主管的話，請在提出指示之前，思考這麼做是否真的對部屬有益。

耐心等候部屬拿出成果

假設你的合作夥伴遲遲拿不出成果，你也不會動怒催促對方吧？

畢竟你身為合作夥伴也有責任，況且從企畫執行到獲得成果也需要一段時間。即使當下看不到成果，說不定離成果也已經不遠了。

同樣的道理也適用於管理。

換句話說，耐心等待也是主管的工作。

不要只會責怪部屬拿不出成果，你要仔細檢討部屬的行動過程，並且從旁提供協助，讓部屬更容易獲得成果。

等部屬真的成功以後，你會品嘗到比自己成功時更大的喜悅。

07 部屬有不同見解，更要懂得活用

A是某個單位的主管，過去在基層服務非常優秀，屬於帶著同事打頭陣的類型。他認為主管各方面都要比部屬強，部屬知道的事情，主管不能不知道。

有一天，B從其他公司跳槽到A底下做事。B是個擅長設計的人才，A認為自己必須比B更懂設計才行，因此拚命學習自己不擅長的設計知識，用理論來掩飾自己的不足。

問題是，囫圇吞棗學來的東西，在知識面和技術面上都不足以和B匹敵。

A知道自己無論如何都贏不過B，就反對B的每一項意見來保護自己的地位。最後無法一展長才的B，只好再度跳槽到其他公司。

各位可能會懷疑這個案例的真實性，其實公司從外部招募新血，結果被老員工欺壓的案例屢見不鮮。

自以為無所不能的主管，反而會妨礙組織的成長。

況且，上司和部屬的職掌本來就不一樣。過去在基層表現優秀的上司，通常都是一些個性不服輸的傢伙，就某種意義來說責任感也特別強。

因此，他們才認為自己必須無所不能，不能有任何地方輸給部屬。

不過現實問題是，你一定會遇到比你更優秀的部屬。

就算你的綜合實力勝過對方，對方在某些領域也一定比你強。

精通人才培育的主管，很清楚自己並非萬能。

他們知道與其靠自己打頭陣，不如給部屬發揮的機會，遇到問題再從旁協助就好。

所以，**當你遇到比你優秀的部屬，應該反過來虛心求教，而不是刻意唱反調**。

有時候部屬告訴你的訊息，可能是你已經知道的東西，你應該假裝從來沒有聽過，感謝對方告訴你新的資訊。

換句話說，你要讓優秀的部屬感到有面子。假如你直接潑對方一盆冷水，說你已經聽過那則消息，對方就再也不會熱心提議了。性格比較敏感的部屬，說不定從今以後都不會發表意見。

如果部屬提出反對意見，你也該表示歡迎才對。

能力好的主管深明一個道理，彼此的立場不一樣，見解自然不相同。我們眼中的反對意見，也許是對方眼中的正確意見，每個人都有一套自認為正確的見解。

大量生產相同產品的時代已經過去，現在是少量生產多元商品的時代。以前大家都聽同樣的歌曲，看同樣的電視節目長大，這樣的時代已經一去不回了。未來人們會接觸不一樣的事物，像亞馬遜採用的長尾戰略*就是最好的例子。再者，現在有越來越多外國人到日本工作，價值觀、語言、文化也開始有諸多差異。

這是一個必須接受多元化的時代，主管應該積極活用其多樣性。

從這個角度來看，主管得積極「向部屬學習」。

現今的主管要懂得認同部屬，保持謙遜的學習之心。

*指通路廣泛，原本非企業主打的商品，也有嶄露頭角的機會。

08 不改變部屬的觀念，而是改變部屬的行為

某個營業處雖然達成了目標營業額，但處長認為要多加把勁開拓新客源，否則下一季開始會非常辛苦。

於是，處長找來每位課長，要求他們的部屬努力開拓新客源。

A課長決定先改變部屬的觀念。

他不斷地告誡部屬，不努力開拓新客源的話，公司早晚會撐不下去。

部屬也答應會努力開拓新客源，卻遲遲沒有採取行動。

即便如此，A課長還是沒有放棄說教，他相信講久了部屬一定會有所改變。因此，他動不動就對部屬耳提面命，灌輸他們開拓新客源的觀念。

沒想到三個月過去了，那些部屬還是只跟老客戶拉業務。十個人的業務團隊，平均每個人才拉到兩個新客戶。

有一天，A課長在開會時發飆，痛斥自己的部屬辦事不力。最後整個團隊失去向心力，A課長被部屬孤立，也沒有心力開拓新客源了。

相對地，B課長決定先改變部屬的行為。

可是，B課長也沒有設定太高的目標，不然部屬肯定會受挫。他規定部屬每天早上開完會以後，在出去拉業務之前要打三通電訪電話。這種目標不會增加太大負擔，部屬也能輕鬆持續下去。

B課長的方法實行了三個月，十個人的業務團隊，平均每個人開拓了五個新客源。

從這個例子我們可以發現，採取具體行動才是成功的關鍵。

像A課長那樣只會強調「觀念改革」，底下的人是很難改變的。因為，部屬不知道該採取什麼具體行動。

另一個重點是，你要想方設法讓部屬堅持下去。

比方說，**「事先訂下行動規則」**就是一個很重要的方法。以B課長為例，他規定每個人早會結束後都要開拓客源，部屬才有辦法持續下去。

剛開始做一件事的時候，事先訂一項規則，或者一種「儀式」，當事人就會自然而然產生拚勁。

像我在寫稿之前會先泡一杯咖啡，泡好就會靜下心來寫稿，對我來說泡咖啡就代表接下來該寫稿了。

另一項重要的觀念，就是「**目標不要訂得太高**」。站在主管的立場，一定希望部屬馬上開拓十幾二十個新客源。不過，一開始目標設定得太高，部屬也不可能堅持下去。畢竟生物有所謂的「恆定性」，例如體溫或血糖一下子變動太快，身體就會調節回原來的水平。

也就是說，你一下子要求部屬長時間處理新工作，部屬的拚勁很快就無以為繼。不要一次做太多，八分飽才是持之以恆的祕訣。

還有，「**不能一日無成果**」也是持之以恆的關鍵。比方說部屬早上特別忙碌，早會開完沒時間打電話開拓新客源，那麼主管要增加一條補充規則，規定他們傍晚至少要打一通電話或寫一封郵件。

能力好的主管在改變部屬的觀念之前，會先讓部屬採取行動，並且用各種方法幫助他們維持新的習慣。

09 培訓不制式，依照不同職務提供職訓

新進員工剛入社沒多久，主管可以按照人事單位提供的技能列表，教導他們業務所需的知識技巧，以及自主性和責任感這類的工作態度。

相對地，不同職務各有專業的技能。舉凡業務、會計、商品開發、生產管理等職務的技能都不一樣。基本上，人事部門也會提供各職務所需要的技能列表。

一般來說，主管只要按照技能列表培育新人，不足的部分再親自指導就好。

不過，現在這個時代光靠技能列表，已經不足以培育優秀的部屬了。精通人才培育的主管，**會跟部屬一起思考獨特的技能列表**。

這是一個環境變化極大的時代，不像以前我們可以很清楚地知道，自己加入公司五年後該學會哪些技能，十年後又該掌握哪些技能。

而且，就算在同間公司從事業務工作，可能接觸的業界或販賣的商品也不一樣，需要的工作技能也大相逕庭。尤其近來客戶的特性也漸趨多元，光靠泛用技能已不足以應對。

這種情況下，跟部屬一起思考技能列表比較有效率。

跟部屬一起思考還有其他好處，**部屬會養成自動自發的精神，主動學習新技能**。

現在的部屬從事業務工作，也有各種途徑可供選擇。他們可能會想去行銷部或商品開發部增廣見聞，或是把目標從個人客戶轉移到法人客戶身上。以前的人只想同套工作幹到退休，現在的部屬很少這樣想了，搞不好他們還有自立門戶的打算。

因此，好主管會記得部屬感興趣的工作，並且分配給他們相關的任務和客戶。不跟部屬一起思考技能列表的主管，絕對做不到這一點。這種無能的主管只會按照人事部門的技能列表來培育部屬，使得部屬產生一種無奈的感覺，連日常業務也做不好。

如果你希望部屬擁有高度的技巧和成果，那麼你交代給他們的工作，要儘量符合他們的意向，這才是主管的職責。如此一來，部屬的拚勁提升，工作品質自然變好。

這對公司、主管、部屬來說是「三贏」的局面。

要是有人比你精通工作技能，不妨找那個人來指導部屬。

不要以為只有自己的經驗和技巧，才是指導部屬的不二法門，這種觀念太落伍了。關鍵在於你要營造一個環境，讓部屬認真思考自己需要的技能。

10 活用部屬的優點，更勝只注意缺點

以前的我**只會注意「部屬的缺點」**。

尤其那些經常犯錯的部屬，總是令我大為光火。我甚至認為自己的生活不順，都是他們害的。

比方說，我平日上班看到部屬犯錯，就會埋怨部屬不成才，這種煩躁的心情還會一直延續到假日。

到頭來，我放完假去公司上班，精神還是很疲憊，完全沒有充分地休息。

我有一個部屬S，工作十分認真嚴謹，幾乎沒有被我罵過。有一次，他跑來找我商量一個問題，希望能找其他人來負責隔天的商品說明會。

原來S記錯了跟客戶約談的時間，明明約談的時間是明天，他卻記成後天。S很少犯下這麼粗心的過錯，但我必須盡快尋找替代人選，也沒那個心情責備他了。

不過，我找不到其他更值得信賴的人選。

沒想到，S提供了一個很驚人的意見。

「交給O來負責如何？」

他提的那個O動不動就被我罵，我根本不敢把工作交給O。

我笑著說O沒那個能力，S卻告訴我，O在學生時代擔任過大型補習班的講師，很擅長在人前演說，之前公司內部的研討會，O的演說也相當精采。

S都說到這個地步了，我就拜託O代打上陣。

隔天，我沒有親眼看到O的演說，但在場其他單位的同事都說，O的演說非常出色，聽眾都很滿意。

後來S還告訴我，O很高興有這份機會，說明會的前一天還熬夜確認演講資料。

那一次的經驗讓我深切反省，自己是個多麼有眼無珠的主管。我只注意O不擅長處理事務工作的缺點，卻沒有看出O具備的優點。

「**再笨的人都能指出別人的缺點，而通常笨蛋都喜歡那樣做。**」

這是美國政治家兼實業家班傑明．富蘭克林的名言。

按照他的說法，我確實是個笨蛋。

日本人從小特別在意自己不擅長的科目，而忽略其他成績好的科目。因此，大多數的日本人都很執著改善缺點。

當然，會拖累其他人的缺點要改掉才行，但精通人才培育的主管，會關注部屬的優點，給對方一展長才的機會。

日本明治維新時期，有個叫邊見十郎太的薩摩藩*武士十分活躍。當時皇宮失火，邊見十郎太非但沒去救火，還跑去妓院飲酒作樂。其他薩摩藩武士對他大肆批判，還逼迫他切腹自盡，但西鄉隆盛**念其年少輕狂，免去了切腹的死罪。邊見十郎太感念西鄉隆盛的救命之恩，後來在西南戰爭中身先士卒，以報厚恩。

所以，請各位找出部屬的優點，多多給他們發揮的機會吧。人的優點和缺點其實是一體兩面的，凡事龜毛的人代表做事細心，喜歡裝熟的人也都有一定的膽量。

至於能否活用在工作上，全看主管的本事。

* 日本江戶時代的藩屬地。鹿兒島的舊稱。
** 日本江戶時代末期的軍人、政治家。

11 不只注重客戶，也和部屬打好關係

容我冒昧請教各位幾個問題。

- 你是否很重視「客戶的需求」，卻忽略了「部屬的需求」？
- 你是否很了解「客戶的問題」，卻對「部屬的問題」視而不見？
- 你是否定期關心客戶，卻完全不理會部屬？

其實，這些問題是我對自己的反思，過去我是個無能的主管。

不過，大概也有讀者被我說中痛處才對。

我認為，主管和「部屬」的關係，就相當於業務和「客戶」的關係。業務要透過商品和服務，來取悅客戶或是替他們解決問題。同理，主管也要跟部屬打好關係，努力培養他們的能力，讓他們在工作中發揮最大的成果。

因此，精通人才培育的主管，也會好好關照部屬。

比方說，掌握**「部屬工作的理由」**，就是主管的首要之務。

現在這個時代，每個人工作的價值觀和動機都不一樣。

你要了解部屬選擇這份工作的理由和他們未來想從事什麼工作，這樣他們才會自動自發，在你的指導下順利成長，你拜託他們做事也比較容易。

此外，你還必須了解部屬的以下特性：

- 了解部屬擅長的工作，以及不擅長的工作。
- 指出部屬缺點後，部屬哪些缺點改善了？哪些缺點沒有改善？
- 了解部屬開心的事情，以及不滿的事情。
- 了解部屬每年、每月、每週、每日的生理節律*。
- 了解部屬容易失去拚勁的時期。
- 了解部屬著重的事物。
- 了解部屬生日和興趣。

把你對部屬的了解寫在「部屬筆記」中，是我很推薦的紀錄方法，有點像每位部屬的履歷表，或是客戶的資訊管理報表。有了這一份筆記，就可以清楚掌握前述的要

＊是一種透過假想週期來預設人類的生理、心理及智力等各種面向。

項，不會輕易遺忘。

其他章節還會提到這幾大要項的內容，本節先講下列兩項重點就好。

指出部屬缺點後，哪些改善了？哪些沒改善？

當你指出部屬的缺點，部屬也確實改善以後，你要回顧一下自己是怎麼提醒部屬的。這樣以後遇到同樣的情況，你就用當初的提醒方式叫對方改進就好。比方說，過去的遣詞用字或開口時機都有參考價值。

反之，部屬沒有改善缺點的話，你要分析他們沒改善的原因，尋求解決之道。例如，你發現部屬失去了拚勁，那麼你要趕緊確認一下，自己的說話方式或待人之道是否破壞了部屬的拚勁。

另外，如果部屬沒有實行你的指示，你要考量幾個要素。例如：「要耐心等待他們付出行動」、「把抽象的指示具體化」、「細部分解作業程序」等。

掌握部屬會感到開心或不滿的事

每個人開心或憤怒的點都不一樣，建議各位最好寫成詳細的筆記。平常要多多反省自己對待部屬的言行舉止，還有分派的工作內容。連同職場環境的好壞，以及之前發生的事情都要回顧。

12 創造「用部屬培育部屬」的制度

培育一個副手有很多好處。

有的部屬可能不好意思直接找主管商量問題，這時候有個優秀的副手，年齡跟部屬也比較接近，部屬可以直接找副手商量。之後，副手再跟主管報告就好。

而對副手來說，在正式當上主管之前體驗一下主管的工作，本身也是有利無害。

日本有句俗話是這麼說的：「優秀的運動選手當不了優秀的教練。」有些人過去在基層打拚十分活躍，結果當上主管以後就失去光彩了。

基層人員和主管的工作性質完全不一樣，在當上主管前先體驗副手的工作，比較能順利當好主管。

不過，很多主管都把麻煩事推給副手，自己悠閒地處理工作。這樣就算副手再優秀，也會被照顧部屬的重任壓垮，最後主管也身受其害。

精通人才培育的主管，會創造一個自動培育部屬的環境。具體來說，就是「**用部屬培育部屬**」。

首先，把副手以外的所有部屬，按照經驗和業務熟練度的差異，分為三個級別。

- 等級 1：加入公司一到兩年，需要適當的輔助才能執行業務的部屬。
- 等級 2：加入公司三到五年，幾乎不需要輔助就能執行業務的部屬。

• 等級3：加入公司六到十年，會主動思考新企畫和其他業務的部屬。

當然，實際分門別類沒有那麼單純，但我們取個大略的基準就夠了。分類好以後，你就制定一級指導一級的規則。

比方說，等級一的部屬要跟等級二的部屬學習，等級二的部屬要跟等級三的部屬學習，等級三的部屬要跟副手學習。

這一套方法主要有兩個好處。

教學相長

指導別人的一方，實力也會有很大的進步。具體來說，可以促進當事人的簡報和溝通能力。

另外，每位部屬年輕時就能培養領導力，處理工作也會有更宏觀的視野。

不管我們教別人什麼事情，都要先回顧和分析當下的狀況，再總結歸納自己的見解。如此一來，團隊才會有一套複製成功經驗的系統。

年紀相近比較容易互相請教

所謂的「教學」也有很多種類，有上級單方面傳授下屬技巧的教學方式；也有下屬找上級商量問題、雙方一起思考解決之道的教學方式。

後者的情況下，年紀相近的人比較容易互相理解，談起來也沒有隔閡。

事實上，這種教學方式是有先例的。二〇一八年，有一部以西鄉隆盛為主角的古裝劇，西鄉隆盛的故鄉薩摩藩，就培育出許多優秀的人才。

「鄉中教育」就是薩摩藩人才輩出的主要因素。薩摩藩六歲以上的藩士子弟會集中起來學習知識和武藝，年紀較長的孩童要教導年紀較小的孩童，而年紀較長的孩童要跟中學年紀的少年學習。
只要你效法這一套制度，讓部屬之間互相培育，絕對比推給副手更有成效。

第 3 章

激發團隊潛能的「交辦習慣」

13 傳遞願景時，賦予企圖心和故事性

所謂的「經營願景」是說明公司五到十年後的蛻變目標，也就是「未來公司會進化成什麼樣子」。

常見的經營願景有以下幾種：

「員工的生產力要達到業界第一。」

「養成健全的財務體質。」

「要成為業界龍頭。」

不過，這些說法對基層的員工來說太過抽象，也不好理解。

因此，主管要說明得簡單易懂一點。

前述的例子可以轉述成下列說法。

「員工辦事要更有效率，達成各自的營業目標。」

「刪減多餘開支，提升投資報酬率。」

「某些業務要達到業界第一水準。」

然而，**這種「直譯」是無能的主管在用的**。

不可否認地，有些部屬聽到這種命令就會採取具體的行動。

問題是，這是把「願景」降級成「目標」。

如果部屬做得不甘不願，就算他們採取實際行動，也造就不出長遠的企業文化。

願景跟目標是不一樣的東西。

會賦予員工企圖心的東西才叫願景，如果激發不了員工自動自發的心情，這種東西稱不上願景。

人類的動機有分「外在動機」和「內在動機」這兩種。

「外在動機」是升遷、加薪這一類的外在誘因，「內在動機」則是好奇心、興趣、工作樂趣這一類的內在誘因。

「外在動機」有速效性，但沒辦法用太多次，效果也不長久。我們獲得加薪和升遷固然會感到高興，但過一陣子就沒什麼感覺了，這算是一帖短效的猛藥。

所以，你要靠願景來賦予部屬「內在動機」。

部屬必須心悅誠服去實行願景，否則沒有任何意義。

精通人才培育的主管，**不會直接替高層解釋願景，而是加入一點「故事性」**。

具體來說，你的故事要激發部屬的企圖心。例如：

「我希望我們的團隊，在業界刊物上榮獲『最強團隊』的美名。」

「我們要成為客戶尾牙的座上賓，接受他們的讚賞和感激。」

「以後在競標會上，要讓對手一聽到我們的名字就自動退場。」

差不多就是前述說法。

此外，能力好的主管還會讓部屬描繪願景。

讓部屬描繪願景，不代表你必須把談話場面弄得很嚴肅。

你可以找他們一起吃飯，邊吃邊聊都無所謂。

總之，你要讓部屬覺得公司願景與他們息息相關。

14 交辦任務，附加原因和背景

主管在交代工作部屬時，必須說明工作的原因和背景。例如，說清楚這份工作的必要性是什麼，還有為什麼需要做這份工作等。

不仔細傳達原因和背景，部屬很可能會有事不關己的心態。

「給〇〇公司的簡報資料，就交給你負責了。」

「下一季的銷售預估報表，記得做好。」

用這種方式拜託部屬做事，無法提升他們的拚勁，成品的水準也高不到哪去。部屬只會做出最基本的東西，交差了事。

某單位的A主管在交代工作時，一定會說明那項工作的必要性。

「給○○公司的簡報資料，就麻煩你了。成功簽下這家公司的話，會成為我們公司的大客戶，這個案子對公司和我們的單位都很重要。」

「麻煩你製作下一季的銷售預估報表，這樣我們單位下一季才能拿到更多預算。」

A有告訴部屬理由，指示的內容也很具體，部屬都有聽明白。

不過，部屬提供的資料沒有耳目一新的感覺。頂多只有達到最低標準，離最高品質還差很遠。

A覺得實際成品跟自己期望落差太大，他不明白自己已經有說明原由了，為什麼部屬還是一副事不關己的態度呢？

同樣是說明，能力好的主管會說明「**為何公司和團隊需要這份工作**」，同時還會解釋「**為何要把這份工作交代給部屬你**」。

「B，給〇〇公司的簡報資料，就麻煩你了。成功簽下這家公司的話，會成為我們公司的大客戶，**我也可以用這件案子來替你加薪升職，所以這件事非你不可**。」

「C，麻煩你製作下一季的銷售預估報表，這樣我們單位下一季才能拿到更多預算。**有了更多的預算，我才能實踐你之前提出的新業務**。」

精通人才培育的主管，會用「投其所好」的方式拜託對方。

自我要求比較高的部屬，確實會為了「組織利益」採取行動，但只有「個人利益」才能真正打動部屬。

方才提到的B有追求升遷的志向，而C有推動新業務的挑戰志向。精通人才培育的主管，就會投其所好來激發對方的鬥志。

還有一種方法是，在交代不同的工作內容時，你可以說對方很擅長某項工作，所以才把這項工作交給他。例如，你想把資料彙整工作交給A，你可以說A很擅長這項工作；你想把資料分析交給B，也可以如法炮製。

可是，同樣的方法只能用一兩次，一直用這種方式拜託部屬做事，部屬會產生一種為什麼非我不可的疑問。搞不好部屬還會反駁你，其他人也能做那樣的工作。

況且，工作本來就是交給能力好的人去處理。你的「理由」必須符合部屬本身的期望，這才是一個優秀的主管該做的事。

15 和部屬一起思考工作期限

各位叫部屬處理工作時，會不會出於體貼，告訴他們有時間再做就好？不過，這種說法可能會被誤解為「永遠不用處理也沒差」。

例如，你跟部屬說某項工作不急，等有時間再做就好。結果一週後你詢問進度，部屬卻完全沒有動工。

你認為那項工作一、兩天就該完成，所以質問部屬為何沒有動工。部屬卻說你沒有指定期限，況且那項工作是半年後才要用到的，他以為只要月底前做好就行了。

換句話說，沒有期限的工作形同虛設，主管交辦工作一定要明示期限。

某單位的A主管凡事都會定下詳細的期限，以免傳達上有誤會。

「這份提案報告下週三要拿給客戶看，你要在下週一的下午五點前寄給我。最好這個週四的下午四點跟我報告進度，今天已經週二了，兩天後記得回報，麻煩你了。」

乍看之下A主管的指示很詳盡。

可是，只有無能的主管才會用這種方法。

理由有以下兩點。

沒有決定工作的優先順序

但凡主管交代的工作，部屬會列在第一優先。所以，個性嚴謹的部屬，會按照主管交代的先後順序來處理。

然而，這麼做可能會延宕部屬的其他工作進度，說不定相關人士交代部屬的工作也會受影響。

萬一出了什麼麻煩或狀況，就算主管質問事發的原因，部屬也不敢說是主管交代的工作造成的。

這種挫折的經驗會嚴重破壞部屬的拚勁。

主管可能錯算工作所需的時間

有些工作主管覺得不困難，但實際處理起來比預期來得花時間。

而且就像前文所述，即便主管提出的工作期限太趕，個性嚴謹的部屬，也會說自己有辦法應付。

要避免這種問題發生，**主管在決定工作期限之前，一定要先跟部屬商量**。

主管要先打聽部屬是否有其他工作，或是考量有沒有緊急案件要處理的可能性，再來跟部屬一起安排工作行程。

如果部屬的工作排很滿，你要決定哪些工作優先處理，哪些工作晚點處理。如此一來就有明確的優先順序了。

跟部屬相處不要給他們太多壓力，你要勇於聆聽他們難以啟齒的真心話。

例如，部屬的工作行程排很滿，沒辦法按照你的期望行動，你要體恤部屬的難處，讓部屬直言不諱。你給部屬決定工作行程的機會，部屬才會照你的指示幹活，不會有事不關己的心態。

16 偶爾讓部屬挑戰困難的工作

某單位的A主管很有責任感，說什麼也不會給客戶或別的單位添麻煩。

A有一個叫M的部屬，A平時工作很繁忙，打算把一些工作交給M來處理。不過，M做事情粗心大意，所以A都把工作交給值得信賴的部屬，很少交給M。

M負責的多半是例行公事或單調作業，好比拉一些比較簡單的客戶、製作會議記錄、確認資料錯字、輸入客戶資料等。

A認為一下交辦太困難的工作，M大概也做不好。一來還會影響到工作品質，或是延宕交貨期限，給客戶或其他同仁添麻煩。

這種觀念也不是完全沒道理。

可是，如此一來M永遠沒機會進步。

人要挑戰一些困難的工作，才能增進工作的能力。

舉例來說，一個可以舉起四十公斤槓鈴的人，如果一直舉相同重量的槓鈴，那麼練再久都沒辦法舉起更重的東西。

況且，主管過去在菜鳥時期，也是按部就班挑戰困難的工作，才逐步登上高位。

結果現在自己當上主管，只交代部屬一些簡單的工作；當然就某種意義來說，這也算是不錯的主管，但絕不是「培育人才」的好主管。

交代部屬的工作，主要可以分為三大級別，分別是「**安心級別**」、「**挑戰級**

別」、「混亂級別」。

「安心級別」是指依照部屬目前的能力，處理起來輕而易舉的工作。好比一般例行公事或已經做過的工作，不需要其他人幫忙就能辦好的事情。

「挑戰級別」是指依照部屬目前的能力，處理起來稍嫌困難的工作。然而，只要跟其他人打聽方法，多花一點時間就做得來。

「混亂級別」是指依照部屬目前的能力，處理起來非常困難的工作，極有可能遭遇挫折或失敗。

請先記住這三大概念，在分派工作時思考部屬會面臨哪種局面，這樣分派工作就不會有大問題了。

像A那種投鼠忌器的主管，只會把「安心級別」的工作交給部屬。反之，精通人才培育的主管，必要時會把「挑戰級別」的工作交給部屬。

讓部屬處理「挑戰級別」的工作，不只能增進他們的知識和技能，更可以帶給他們高度的宏觀視野和體悟。

偶爾讓部屬挑戰困難的工作，也是主管的重要職責。

17 基層工作，只花一〇%時間處理

主管和基層的工作內容不一樣。

身為主管，不該從事基層的工作。

平常我在書籍或研討會上，也是這麼告訴大家的。

不過，這項原則也有例外。

某單位有A和B兩位主管。

A和B都是從其他業界挖角來的人才，他們都有拓展業務和管理領導的經驗，只可惜沒有業界的相關知識。

A認為主管會用人就好，不必了解基層的業務。部屬一開始也認為，新來的主管沒有業界知識也算正常。

可是，時間一久部屬就有怨言了。

一些經驗尚淺的部屬表示，主管無法陪他們商量問題，而且只會叫他們自己想辦法。資深的部屬則抱怨，每次報告業務或尋求裁示，都要花很多時間解釋給主管聽。

對此，高層的說法是，A剛來難免有不熟悉的業務，要多給A一點時間。問題是A派不上用場，大家有問題都去找資深員工商量，無形中增加了他們的工作量。

而A急著凸顯自己的能力，動不動就雞蛋裡挑骨頭，專挑一些跟工作內容無關的缺失。例如：報告上的文章不通順、有錯字、格式不對等。

到頭來，沒有人願意聽A指揮，A在公司待不下去，只好捲鋪蓋走人。

另一位B知道主管和基層有別，但也明白主管必須熟悉最基本的商品知識。於是，B決定**把十分之一的工作時間，拿來處理基層業務**。具體方法是，他直接告訴團隊成員自己想要幫忙，並主動包辦一些基層工作，從中獲得新的體悟。

有空時，B也會閱覽商品資料或業務使用的資料，累積一定程度的業界知識。

B紆尊降貴處理基層工作，大幅拉近自己與部屬的關係。部屬也願意主動教導新主管相關知識，不會瞧不起B。

實際上，B也深知自己哪些地方力有未逮，所以在管理上相當有分寸。例如B遇到自己不了解的課題，至少知道該找哪些資料來看，或是找哪一個人請教。

最後，如果你要嘗試基層的工作，千萬別說你是來監督部屬的，這種說法只會喪失部屬的信賴，是半桶水的主管常用的藉口。

就算你有某種程度的知識，可以在基層派上用場，你也應該說自己融入基層，是要填補休假員工的人力空缺，偶爾撥點時間從事基層工作就好。

不過，你要明白自己的本職是主管，萬一你忙著處理基層業務，無暇顧及管理工作，那可就本末倒置了。

要是你連十分之一的時間都沒有，不妨思考如何刪減多餘的業務。

18 不追求零失誤，敢承認自己犯的錯

某家企業發生了重大失誤。

該企業第一次跟A公司合作，A公司有望成為他們的大客戶，結果業務不小心弄丟了合約書。

業務趕緊拜託對方重製一份合約，但對方的法務單位非常生氣，不願意跟這種粗心大意的企業做生意。該企業好不容易贏得標案，機會卻被其他同行搶走了。

事後追查發現，犯錯的業務平時忙碌，每天都加班到很晚。

而且在釀成大錯的兩個月前，該業務也弄丟了其他公司的合約書，是對方同意重簽才沒有東窗事發（雙方合作已久，對方也是大而化之的人，才同意重簽合約）。

那名業務沒有向同事、前輩、上司報告第一次的失誤。

因為，他們的分店在舉行「零失誤運動」。

那是每家分店都會舉辦的活動，連續半年沒有失誤的分店，會獲得總公司表揚。

到頭來，該分店剛好在第六個月爆發合約遺失事件，也無緣獲得表揚。其實他們之前就發生過失誤了，只是主管太執著零失誤，部屬才不敢坦承自己犯錯。

各位聽過「海恩法則」嗎？一件重大事故或重大災害的背後，一定隱藏了二十九件輕微的事故或災害，其中更有三百件異常狀態。

以這則案例來說，兩個月前發生的合約遺失，就是海恩法則所說的「異常狀態」。

雖然沒有引發什麼大問題，但無疑是險象環生的危機。防止這種險象環生的危機，也是主管的工作之一。

事實上，在險象環生的階段回報過失，跟團隊成員分享失誤的經驗，就能採取正確的應對措施，防止失誤再次發生。

不過，有些公司就像本案例的公司一樣，過於追求零失誤或零事故。也有主管一聽到部屬犯錯就暴跳如雷，害部屬過得膽戰心驚。太過執著行事規章的企業，反而會發生「隱瞞失誤」的情形。

當然，追求零失誤和零事故，設立表揚制度是很了不起的機制，我也不打算批評那些循規蹈矩的公司。

可是，隱瞞失誤來博得良好的評價，講難聽一點，就跟作弊考高分一樣。

相對地，**能力好的主管會坦承自己的失誤**。

以前我召開研討會的時候，有個成員告訴我，他在公司舉辦零失誤運動的過程中，主動坦承自己犯下的錯誤。

而且，他犯的不是什麼很嚴重的過錯，頂多就是寄送附加檔案時，沒有加上密碼罷了，但他還是據實以告。

我問他為什麼要坦承這種小事，他說自己以前曾經弄錯寄件對象，把公司的機密寄給競爭對手，他不希望自己的部屬也犯同樣的錯誤。

一個成員犯下的錯誤，其他成員也可能重蹈覆轍。因此，主管應該建立開明的環境，讓部屬在犯錯時，勇於坦承犯錯的內容和原因，即時採取應對的措施。

19 不墨守成規，適時修正KPI

各位聽過「KGI」和「KPI」嗎？

KGI是Key Goal Indicator的簡稱，中文是「關鍵目標指標」，代表最重要的數值在期末必須達成的目標。

KPI是Key Performance Indicator的簡稱，中文是「關鍵績效指標」，這是替組織測量目標達成率的輔助性指標。

一般來說，KPI是按照KGI的數值來決定的。

假設本季銷售額的KGI是五千萬元，要達成這個目標，少說得簽下一百位客戶才行。

接下來要細分營業步驟，思考達成目標需要哪些要素，然後訂立計畫。比方說，你可以編排下列的步驟。

1. 列出潛在客戶清單（兩千八百件）。
2. 接觸潛在客戶（兩千五百件）。
3. 與潛在客戶詳談（兩百五十件）。
4. 提出企畫案（一百二十五件）。
5. 成功簽約（一百件）。

這種情況下，與兩百五十位潛在客戶詳談，就是達成最終目標之前的小目標。換言之，這個小目標就是所謂的KPI。

無能的主管總是墨守成規，不懂得改變KPI。

例如，部屬某個月沒有達成KPI，主管下個月依舊要求同樣的積效。之後，部屬一直沒有達成KPI，主管還是死守著KPI不放。

還有一種情況是KPI有達成，但KGI沒有達成。真正重要的當然是KGI，這時候就得重新設定KPI了。

遇到類似的情況，KPI要改成更大的數值，好比跟潛在客戶詳談要增加到三百件。不然就要改變服務價格，或是改善前面幾個步驟。總之，要重新檢討才行。

可是，很多主管不會靈活改變KPI。

最主要的理由是，他們認為目標一旦決定就不能輕易更動。一開始訂下的目標被視為金科玉律，說什麼也得遵守到底。

貫徹始終是人類的天性，這又稱為「一致性偏誤」。

明知目標設定不妥，卻還勉強貫徹到底，這是非常荒謬的事情。

反之，**精通人才培育的主管，會在短期內改變 KPI。**

檢討重點如下：

1. 確認部屬是否積極達成 KPI。
2. 確認設定好的 KPI，未來能否達成 KGI。

也就是說，你要確認部屬有沒有達成 KPI。主管要指點部屬達成目標，必要時還得果斷改變 KPI。

再來，請思考達成 KPI 以後，是否會一如預期達成 KGI？如果無法達成，那麼該如何改變 KPI？這也是要不斷檢討的問題。

新時代的主管要善用循環式品管步驟，在短期內改變 KPI。

20 不剝奪部屬失敗的權利，也給成功的體驗

主管不能剝奪部屬失敗的權利。

讓部屬處理不熟悉的業務，本來就有可能犯錯失敗，被客戶指責。

例如，你讓一個只有營銷經驗的部屬備貨，結果買氣超出預期，才一個週就賣光了，庫存不足影響銷售業績，這種情況本來就有可能發生。

問題是，部屬才犯一次錯誤，你就馬上把他調離崗位，那他永遠不會進步。

職棒二軍選手剛升上一軍，如果失敗一次就被打下二軍，那選手永遠沒機會擔任

先發。

請各位回想自己以前的菜鳥時代。

主管第一次交代工作給你，你就有足夠的知識和技能處理好嗎？想必也沒有吧。

不允許新人和資淺的員工犯錯，他們永遠無法累積經驗。

對主管來說，**培育部屬和提升業績一樣重要**。

話雖如此，一味容許部屬犯錯，部屬也難有長進。

例如，你多次派部屬接觸潛在的大客戶，部屬卻連一個客戶也沒簽下來。

或者，你指派優秀的團隊輔佐部屬，部屬卻一個企畫也沒辦好。

甚至，你把難以估計銷量的商品，交給部屬備貨，結果每次都剩太多庫存。

再優秀的部屬，經歷一連串打擊也會無心工作，甚至產生心不在焉、缺乏拚勁的問題。說不定連擅長的業務都會做得亂七八糟。

相對地，**精通人才培育的主管，會帶給部屬成功的體驗。**

當然，單純給予成功體驗，也很難拉拔部屬成長。一直讓部屬處理毫無難度的工作，部屬是不可能進步的。對於上進的部屬來說，說不定會覺得很沒勁。

能力好的主管會注意下列兩大要點。

簡單和困難的工作互相搭配

即使部屬沒有辦好困難的工作，只要在其他工作上成功，就可以重新振作起來。關鍵是給部屬一個恢復冷靜的機會。

工作上的失敗要靠工作來挽回，好比部屬在投標時犯下大錯，你叫他在馬拉松上扳回一成是沒意義的。你必須在下一次招標會上，給他彌補的機會。

具體的方法如下：

- 在客戶名單中，夾雜容易簽下的客戶和不容易簽下的客戶。
- 把不易、容易預估銷量的商品，都交給部屬去備貨。

在失敗中找尋優點

不管部屬犯了什麼錯誤，主管應該客觀評價部屬的優點。比方說，部屬沒有簽到客戶，但簡報和資料等做得非常好，稱讚事實就夠了。

這一招對經驗尚淺的部屬特別有效，至於那些已經有一定工作水準，還想更上一層樓的部屬，這種話其實激勵不了他們，請多加留意。

21 不只顧到自己，得掌握部屬的工作節奏

某主管A很清楚自己工作效率較好和較差的時段。

比方說，週二、週三、週五上午沒開會，這一段時間工作效率最好。A會利用這一段時間勞心動腦，思考下一季的預算或行銷戰略。

下午精神比較差就安排面談，傍晚就準備明天工作、處理例行公事等。

除此之外，A很清楚自己每個月的工作行程，連客戶和上司何時會聯絡自己，也都瞭若指掌。

不但如此，A還熟知自己的工作節奏。好比上個月忙著精算數據，A知道自己在下個月的前三天，會比較沒有心情做事。同理，假如月中有期中會報，A也知道自己會煩到沒心情工作。

能夠客觀看待自己，代表A是優秀的商業人士。

不過，身為主管只有這樣是不夠的。

精通人才培育的主管，還要掌握部屬的工作節奏。

能力好的主管不會忽略下列幾個工作節奏。

- 部屬在哪個時間表現較好？哪個時間表現較差？
- 部屬跟誰在一起表現較好？跟誰在一起表現較差？
- 什麼時間適合指派任務？什麼時間不適合指派任務？

或許有的讀者會認為，「主管還要迎合部屬，這未免太奇怪了吧？」

可是，部屬並非一板一眼的機器，而是有血有肉的人類。

你對部屬的態度，會影響到他們日後的反應和表現。

例如，某B主管為了配合客戶行程，不得不改變新商品的企畫會議。

於是，他跟自己的部屬C和D說：

「關於會議時間變更一事，C你週三下午四點，要去見客戶對吧？D你上午希望專心處理文書作業嘛。那好，會議改成下週三下午兩點到三點如何？」

用這種方式詢問部屬意見，部屬會覺得主管很體恤下屬，雙方的信賴關係才會更穩固。

像A那種獨善其身的主管，只會按照自己的行程更改會議時間。

部屬縱有諸多不便，也不得不接受主管的提議。如此一來，根本沒辦法放手做事。

況且，事先掌握部屬的工作節奏，也比較好估算工作所需的時間。能力好的主管在處理工作時，也會顧慮部屬的工作節奏。

第4章

帶動團隊效能的「溝通習慣」

22 樂觀失能時，善用負面，反而更有益

一般人都認為正向思考是好事。

不過，並不是每件事都得往好的方面想。不如說，每件事都往好的方面想，會在無形中產生壓力。

身居高位的主管想法太樂觀，反而有以下幾點壞處。

工作環境難以改善

打個比方，公司官網上個月大幅度改版了。

可是，新版的官網比舊版的更難用，不僅載入很花時間，畫面切換也非常慢。只講好聽話的公司，員工不太敢直接點出缺失。

批評確實是負面的話題，卻也是改善職場環境不可或缺的要素。沒有人批評缺失，就不會有改善的動力，缺失會一直持續下去。

況且，大家都不敢說真心話，人際關係也會變得不自在。

部屬報喜不報憂

當一個職場缺乏直言不諱的風氣，每個人都害怕破壞職場和諧，部屬就會隱瞞過失，放任問題置之不理。到頭來底下的人自作主張，情況更加惡化，類似的例子屢見不鮮。

換句話說，正面思考乍看有益，實則有不少缺點。

能力好的主管偶爾會用負面話題帶動氣氛。

談負面話題有以下好處：

部屬會誠實報告壞消息

「A公司的負責人很難搞對吧？我以前也遇過，真的很難伺候呢。」

遇到需要謹慎對待的客戶時，主管可以主動談起以往的辛勞，當然這麼做的用意不是要說客戶的壞話。

主動談起這類負面話題，部屬才會把煩惱告訴你，養成一種直言不諱的職場文化，說不定他們還會坦承自己面對的其他困境。

如此一來，問題就不會在你不知情的狀況下惡化了。

減少部屬失誤

「今天我身體不舒服，要先走一步了。」

「你們最近處理C公司的企畫案很辛苦，早點下班沒關係。」

「你們一大早就忙著輸入資料，想必也累了吧，休息一下喝杯咖啡吧。」

主管自己早點下班，或是率先提出休息的建議，這種主動展現柔弱面的作法，反而能提升部屬的生產性，減少失誤的情況發生。

保持心理健康

「唉呀、D公司的招標會真麻煩，竟然有八家公司競標。」

「剛才我們去拜訪的公司，他們的櫃台態度實在有夠差。」

我以前帶部屬去跑業務時，曾經說過這些怨言。部屬也會跟我一起排毒，排完毒就有再接再厲的衝勁了。

一旦遇到什麼麻煩或困擾，不妨在當下用半開玩笑的方式發洩出來，這樣就可以暫時遺忘討厭的事情，不會累積太多壓力了。

由此可知，談論負面話題也是有許多好處的。有時候在會議上，讓大家各自發表當月遭遇的困境，共同尋思解決之道也不錯。

只不過，使用這個方法有兩點要特別留意。首先，不要誹謗特定人物，再來不要責備發言的部屬。好好遵守這兩點的話，談論負面話題也不會有太惡劣的職場氣氛。

23 邏輯很重要，但信賴與熱忱更重要

過去主管的命令是不可違背的。

可是，現在職權騷擾之類的問題逐漸受到重視，那種用權力來壓人的強勢主管也越來越少了。

那麼，怎麼管理部屬才正確呢？

某主管A認為，新時代主管應該用邏輯來說服部屬。

A想用無懈可擊的邏輯思維，說服部屬做事。

然而，A的管理法並不奏效。過去邏輯思維的書籍大行其道時，很多人都成了死守邏輯的笨蛋，A也是其中之一。他們認為只要用邏輯說服，對方一定會言聽計從。

A失敗的原因，在於他疏忽了一項人性特質。對一般人來說，**「談話的對象」遠比「談話的內容」重要**。

古代希臘哲人亞里斯多德曾言，說服別人有三大要素。分別是「信賴」、「熱忱」、「邏輯」。

如果你不按照這個順序，或是缺了其中一項要素，都沒辦法成功說服對方。也就是說，在你傳達邏輯思維之前，要先有信賴和熱忱做為基礎。

假設有一個主管這樣跟你說：「這一次的目標沒達成，分店可能就經營不下去了，所以大家一起努力克服難關吧。」

如果講這句話的主管，平時都不跟部屬交心，講話也缺乏熱情，凡事只注重表面功夫，部屬聽了根本不會有拚勁。換成是我遇到這種主管，只會覺得他在講場面話。

反之，平時懂得跟部屬交心的主管，說服別人的方式充滿熱忱，團隊成員會很自然地產生拚勁，一同克服難關。

這跟亞里斯多德的思維有異曲同工之處。

邏輯確實很重要，但缺乏「信賴」和「熱忱」也難以服眾。

想獲得部屬的信賴，請注意以下兩點：

微不足道的約定也得遵守

上司比部屬忙碌是正常的，有時候答應部屬的事情會順延，或是沒辦法實現。

那些約定本身也不是什麼大事。

不過，既然你是主管，就應該信守承諾。

千萬不要只對客戶或上司守信用。

部屬對主管失信一事，比你想得更嚴重。哪怕會延宕其他行程，你也該遵守自己跟部屬的約定；不要動不動就講一些場面話，隨便答應部屬事情。

言行一致

上司必須實踐自己說過的話。

假設，你是一個會自己跑業務的行動派主管。你答應部屬要拉到新客戶，結果忙到沒有時間兌現承諾。

這時候如果你在會議上要求大家拉新客戶，一定會遭到部屬反駁，因為你自己就沒做到。

「主管整天要求我們整理環境，自己的資料卻亂放一通。」
「主管叫我們檔案加密，自己卻沒照做。」

主管的行為部屬都看在眼裡，請各位務必言行一致。

24 禁止隨時討論，創造高效溝通

我經常舉辦演講和座談會，有幸接觸到各式各樣的主管。主管培育部屬時，最常見的煩惱主要跟「報告、聯絡、商量」這三大要項有關。

「我跟部屬說，有問題歡迎隨時來討論，他們一次也沒來。」

「他們都是等情況惡化才來，為什麼不早點來呢。」

「部屬講話不得要領，商量起來很花時間，實在令人火大。」

「部屬專挑忙碌的時候來商量事情，所以應對上難免比較草率。」

很多主管都有類似的怨言，其實這些問題的原因多半出在主管身上。

在部屬眼中，難以溝通的主管有以下三種特徵：

主管表現出拒人於千里之外的態度

「主管表面上歡迎我們找他商量問題，但我們真的去找他求教，他就表現出不耐煩的態度。」

「我們去找主管商量事情，主管卻愛理不理，眼睛也一直盯著電腦。所以，我們就再也不找主管商量了。」

部屬找主管商量問題時，會很在意主管的態度。如果主管的態度冷淡，部屬不可能積極求教。

當你的部屬找你商量問題，請表現出和顏悅色的態度。部屬開始說話以後，也請你停下手邊工作專心傾聽。

只會叫部屬自己想辦法

部屬難得找主管商量事情，主管卻只會叫部屬自己想辦法，在對方部屬需要幫助的時候潑冷水，這樣部屬再也不會向主管求教。

有的主管認為，直接把解決方法告訴部屬，部屬以後就懶得動頭腦了。可是，不願意提供建言的主管，等於是在放棄自己的職責。就算你不想直接透露答案，好歹也要告訴他們解決問題的提示。

萬一連你自己也不知道答案，你可以陪部屬一起找答案。畢竟在這個時代，也不可能有全知全能的主管。

主管有沒有認真參詳部屬的問題，才是部屬看重的地方。

部屬一提出問題主管就動怒

很多主管平時笑臉迎人，但部屬跑去找他們商量問題，他們就會表現出不耐煩或不開心的模樣，而且這樣的主管還不在少數。這也代表控制自己的情緒並不容易。

主管生氣的原因主要有兩個：

- 部屬來求教時，提問完全不得要領。
- 部屬來請教的時機點不好。

如果問題出在第一點，你可以事先告訴部屬，叫他們來商量問題之前，先花幾分鐘思考自己要問的問題。因為部屬滿腦子都在思考自己遇到的麻煩，缺乏冷靜表達的能力。

至於第二點的解決辦法，不妨事先跟主管預約商量時間。

只是這樣一來，主管必須經常確認電子郵件，就結果來說負擔沒有比較少。

精通人才培育的主管會用不同的做法。

也就是**事先告知禁止討論的時段**。

換句話說，事先告訴部屬哪一個時段別來打擾，等專心處理完手頭工作後，再利用其他時段替部屬解決疑難。

事先知會一聲，彼此都不用煩惱商談時機，部屬也比較好跟主管報告問題。

25 不費時在無能部屬，全力支援優秀部屬

過去，我花很多的時間，指導那些表現比較差的部屬。

有些人認為，不該花時間指導無能的部屬。

然而，過於冷落無能的部屬，對整個團隊會有不好的影響。其他部屬會提心吊膽，擔心自己業績下滑也受到冷落。

我以前冷落過無能的部屬，結果其他部屬看到我的做法，就辭職不做了。而且，辭職的還是未來大有可為的部屬。

主管怎麼對待成績不好的部屬，其他人都看在眼裡，不要輕易放棄任何一個部屬。

話說回來，在無能的部屬身上花太多時間也不行。

因為，**能力好的部屬也希望獲得主管指導**。

以前我率領的團隊，能力好的部屬相繼離職。

其中最優秀的部屬S，在離職前抱怨我都沒關心他，這件事帶給我不小的衝擊。

我跟S每個月會對談一次，他的表現非常良好，我就沒花太多心力在他身上。我甚至覺得他進步是理所當然的，現在回想起來，當時我的想法太可恥了。

S是團隊中的第二把交椅，對團隊成績和提攜後進都有很大的貢獻。他一離職對我的團隊造成很大的傷害。

所以，主管反而該全力支援能力好的部屬。

對待能力好的部屬，要注意以下三個重點：

工作不要過度集中在同一個人身上

有句話叫「能者多勞」。

不過，這樣的狀態持續太久，會影響到部屬的心理健康，甚至把對方逼到離職。

尤其在業務部門這一類的單位，部屬開拓的客源越多，工作量也會變多。尤其事務性質的工作會持續增加。

所以主管要詢問能力好的部屬，是否需要減少某些工作，或是交給其他人來分擔。

多付出你的關心

事實上，能力好的部屬更需要關懷。

常見情況是，主管認為能力好的部屬把工作辦好是應該的，而且只看重他們的工作成果，不重視過程中的辛勞。

其實，真正能理解了解他們的人只有主管。

請確實讚賞部屬的功勞，萬一部屬表現失常，也要多多關懷對方。能力好的部屬其實更需要這些關懷與輔助。

給對方升遷加薪的機會

第三章有提到「內在動機」會影響一個人的工作意願，但升遷加薪等「外在誘因」也多少有影響。

如果主管不給部屬升遷加薪，只給予口頭上的認同，部屬是不會信服的。

升遷加薪是你讚賞部屬的最佳證明。當然，近來有不少人寧可在基層打拚，也不願升上管理職缺，但你還是要給他們選擇的機會。

另外有一點要特別留意，不要到處炫耀你是如何提拔部屬的。就算你真的付出很多心力培育對方，這種話一旦傳到對方耳中，彼此的信賴關係就會瓦解。

把你培育部屬的驕傲，放在自己心裡就好。

26 引導部屬改善缺失，別只提供一種方案

某單位的A主管要求部屬改善缺失時，會從多數的方法中，選擇一個自認為最好的方法告訴部屬。A相信這麼做，部屬就會從善如流。

比方說，部屬的業績不太好，他會用下列的方式提供建議。

主管：「本年度剩三個月了，業績不太好看呢，最後會差多少業績？」

部屬：「可能會差五百萬。」

主管：「是嗎？看來開拓的新客源不夠多啊。」

部屬：「是，不好意思。」

主管：「這是建商的名單，你拿去試試吧。」

部屬：「是……」

其他單位的B主管，不會只提供心目中最好的單一方案，而是提出大約三個改善方案給部屬選擇。

主管：「本年度剩三個月了，業績不太好看呢，最後會差多少業績？」

部屬：「可能會差五百萬。」

主管：「是嗎？那麼，你可以儘量開拓新客源，或是勸說老客戶追加訂單，不然試試那些已經沒合作的客戶也不錯。你打算怎麼做？」

部屬：「是，我打算搶攻新客源。」

主管：「好，我知道了。這個時期比較有機會簽下的新客源，主要有建商、保險公司、信用合作社等。你要專攻哪一個？」

部屬：「那我專攻建商好了。」

以上兩種對話都導向同樣的結論，各位覺得哪一種表現會比較好？

A是直接叫部屬去做，沒有提供選擇的機會，這是單純的「說服」。

部屬被說服後，只好去做自己不情願做的工作，自然不會有什麼好結果。

況且，人都有「討厭被說服」的心態。我們都希望擁有自由意志，能夠決定自己的行動。

人要自己做出選擇，才會保持高度的拚勁做事，不會有「事不關己」的心態。再者，自己做的決定，才會負起責任做到好。

B的做法有顧慮到這一點，部屬都「信服」B的意見。

事實上，後來B的部屬表現真的比較好。

說服是「強迫對方接受」，信服則是「讓對方主動接受」。

說服與信服，這兩者的主體性有天壤之別。

當然，主體性會影響個人行動，對結果造成極大的差異。

所以你在拜託部屬做事時，要提供方案讓部屬選擇，而不是直接下達命令。

用B的方法拜託部屬做事，萬一部屬事後表現不佳，也不會有什麼怨言，畢竟那是他自己做的選擇。反之，用A的方法部屬會有怨言，因為那並不是他自己做的決定。

最糟糕的是，部屬按照主管的指示行動，失敗了還被主管責備，這樣的主管是得不到信任的。

若你希望部屬有好的表現，請想辦法讓他們心悅誠服。

27 根據不同情境，改變對待部屬的方式

「有些主管看到特定的部屬打招呼，不但會露出親切的笑容，還會閒聊幾句；結果其他部屬打招呼，卻愛理不理。」

「也有主管看到特定的部屬犯錯，只會好聲好氣提醒幾句；至於其他部屬犯錯，就當著眾人的面破口大罵。」

主管對待部屬的態度不公，同樣得不到部屬的信賴。

俗話說，主管看透部屬要花三個月時間，部屬看透主管只要花三天，這代表主管

的言行舉止部屬都看在眼裡。

其他成員看到被冷落的部屬，會擔心自己有一天也受到冷落。

換言之，主管對待部屬的方式要一視同仁。

不過，把工作平均分派給所有部屬，用同樣的方式指導他們，也不見得是好方法。

精通人才培育的主管，會依照部屬的能力改變指導方式。

保羅・賀賽和肯尼斯・布蘭恰曾在一九七七年，提出了「情境領導論」（簡稱SL理論）這項學說。

這個理論的說法是，主管對待部屬不能用同一套方法，而是要考量部屬的「成熟度」，好比企圖心、能力、自立程度等要素，改變自己的領導風格和工作分派方式。

SL理論把部屬的成熟度分為四大階段。

教育型：幾乎沒有業務知識或技能的階段

這個階段的部屬，要用「教育型」的指導方式，直接告訴他們詳盡的工作指示。

說服型：處理業務相當嫻熟，但仍有不足之處

這個階段的部屬，要用「說服型」的指導方式，不能只有單方面下達指示，還要加強知識和技能以外的輔助，好比告訴他們工作的意義何在等。因此，建立一套行動依據才是主要目的。

參加型：已能單獨執行業務，但有一成不變的傾向

這個階段的部屬，要用「參加型」的指導方式，不必一直耳提面命，而是要強化精神上的支援，尊重部屬的主體性，跟部屬一起解決問題。因此，培養部屬的思考能力才是主要目的。

委任型：能夠產出優秀結果的專家，深受信賴部屬

這個階段的部屬，要用「委任型」的指導方式，減少單方面的指示或輔助，讓部屬自己決定該如何處理工作。因此，培養部屬的責任感才是主要目的。

能力好的主管會依照不同狀況，改變對待部屬的方法。比方說面對階段二的部屬，不該揠苗助長要求階段四的水準。面對階段四的部屬，也不該用階段一的方式耳提面命，破壞對方的拚勁。

不過，萬一別人問你為何待人方式不同，你必須說出具體的理由才行。主管要時時留意部屬的狀態，做出適當的應對方式。

28 不必人人好，認清跟某些部屬會合不來

剛升上主管的A，認為自己跟每位部屬都要打好關係。

某天，A收了一名部屬K部屬。

K的業務成績不怎麼樣，口氣倒是不小。

K在團隊裡發表意見時，還會尋求N的認同來增加說服力。

N是那種性格被動的部屬，主管說一步才做一步，業務成績始終沒有起色。雖然不會刻意反抗主管，但遇到問題都習慣怪罪別人。

K和N兩個人經常一搭一唱，對A提出的案子表示不滿。

A對這兩個不認真工作，只會拉幫結派的部屬也有怨言，但A還是忍下來了。A認為輔佐部屬也是主管的職責，所以選擇忍讓。

A在會議上發言，都要顧慮那兩個部屬的感受，被他們牽著鼻子走。A強迫自己跟每個部屬打好關係，無形中累積很大的壓力，最後弄壞自己的身子，團隊也逐漸分崩離析。

剛當上主管的人常有類似的毛病。

主管不必當個聖人君子。

有時候**你必須認清，自己跟某些部屬合不來。**

話雖如此，你也不能放任這些部屬亂來，或用上司的權力迫害他們。再重申一次，你如何對待無能的部屬，其他成員都看在眼裡。

能力好的主管會找副手一起處理這樣的狀況。

假如你跟某個部屬處不好，對方只願意聽副手的話，動不動就跟你唱反調，那你不如直接交給副手去管教。以後有什麼事情，讓副手跟你報告就好。

這麼做有一個好處，副手會主動處理團隊的疑難雜症，而不只是被動接受咨詢。

另外，請副手管教部屬時，不要一下就全拋給副手。你應該跟副手合作，請副手擔任你跟部屬的緩衝角色。之後，就可以自然而然地託付管理職權了。

花太多時間在K那種部屬身上，是在浪費團隊的資源（亦即主管能用的時間）。

況且，主管本來就不可能跟每個部屬打好關係。據說，只要管理的部屬超過七個人，一定會遇到合不來的部屬。

遇到合不來的部屬，要聯合副手或其他成員處理，不要自己單獨應付。

29 自己吃午餐，勝過跟部屬一起用餐

以前的主管，下班後經常帶著部屬去喝酒，彼此在酒會上溝通交流。主管可以藉機傳授工作上的訣竅，部屬也能提出一些平時難以啟齒的問題。

可是，現在透過喝酒交流的機會越來越少了。

「下班以後，部屬希望有私人的時間。」

「主管喝醉以後，也提不出什麼有用的建議。」

「主管只會炫耀自己的豐功偉業，或是對部屬說教，跟主管喝酒比加班還累。」

這些都是酒會交流不再盛行的原因，類似的理由不勝枚舉。

相對地，現在流行「午餐交流」。

午餐大概一個小時結束，不會一直拖拖拉拉浪費時間，也不用擔心喝醉酒講錯話。

跟部屬一起用餐，乍看之下好處還不少。

可是，午餐交流有以下幾項缺點。

某些部屬會有被冷落的感覺

主管跟每位部屬用餐的次數不可能一樣，有的部屬經常外出洽公，也有部屬會自備便當食用。

換言之，一定有人比較少跟主管用餐。例如那些特別忙碌或自備便當的人，主管也不好意思主動找他們。

可是，這種行為會引起部屬的嫉妒和抱怨。其他成員看在眼裡，會覺得主管特別偏愛某些部屬。

會剝奪部屬的自由時間

嚴格講起來，午休並非工作時間。

這段時間部屬要睡午覺，或跟其他人一起吃午餐都是部屬的自由，只要不影響到下午的工作就好。

比方說，有些人想利用這段時間「自我投資」，他們可能想用午休閱讀商業書籍，準備證照考試，或是看英文教學影片。

最近「睡午覺」的人有越來越多的趨勢。據說，午睡十五分鐘，抵得上夜晚睡眠三小時，午睡恢復的注意力和集中力，可以持續一百五十分鐘。

午餐交流有可能妨礙部屬「自我投資」。

吃飯不見得真能交流

一群人一起去吃午餐，同樣會顧及上下關係，只是沒有酒會那麼明顯罷了。有時候嗓門大的人一直發號施令，其他人也只好無奈陪笑。

還有一種情況是，大家會互相抱怨自己的工作，或是說不在場的人壞話。這非但沒有溝通交流的作用，還會讓參加的人很疲憊。

所以，能力好的主管基本上都是一個人吃午餐。

偶爾會跟公司外的人用餐。

精通人才培育的主管，都是這麼做的。

真的有心跟部屬溝通交流，平常在會議上做就好。沒人規定開會時，不能用暢所欲言的方式跟部屬溝通。

如果平常工作缺乏交流機會，那是工作內容本身有問題。

話雖如此，仍然想用午餐時間交流的讀者，請儘量跟部屬一對一用餐，跟每個部屬吃飯的次數也儘量要相等。

畢竟一對一比較容易深入對談，部屬可能會告訴你一些不願被別人聽到的話題。

30 到餐廳面談時，除了點咖啡，多點甜品

跟部屬一對一溝通時，不妨挑在公司外的咖啡廳或旅館的附設餐廳。過去我跟部屬一對一交流，都是選在公司外的場所。改變場所有轉換心情的效果，比較能放輕鬆對談。

可是，有些主管在放鬆的場所談話，同樣卸不下嚴肅的面具。

這種主管一定會點咖啡來喝。

還有人會直接幫部屬點咖啡，不問部屬到底想喝什麼。

一對一談話的用意，是要部屬卸下平時的心防，老實說出自己的困擾或難言之隱。結果主管還是點一成不變的東西來喝（先跟喜歡咖啡的讀者說聲抱歉了），部屬會覺得主管太過嚴肅，沒辦法坦然說出自己的心聲。

因此，如果你的部屬鮮少跟你溝通，或是工作上有什麼煩惱，表現得不太好，那你應該主動卸下心防坦承以對。

能力好的主管會點一些甜品來食用，好比聖代、日式點心、冰淇淋蘇打等。

點甜品來吃有以下兩大好處：

有破冰效果

點咖啡或紅茶這一類中規中矩的飲品，很難聊什麼衍生的話題，點完就無話可說了。搞不好在飲料送來之前，雙方還會拿自己的手機出來玩。

相對地，點聖代、日式點心、冰淇淋蘇打等甜品，彼此就有閒聊的話題了。

「原來主管你喜歡吃甜食啊？」

「以前我也很常喝冰淇淋蘇打。」

「兩個大男人點聖代來吃，感覺好妙。」

有些讀者可能覺得這種效果沒啥大不了，其實破冰效果是不容小覷的。

部屬看到你點甜食會跟著放鬆，比較敢說出自己的問題。

破除僵化的思維

每個人多少都有既定觀念。

愛因斯坦曾經說過，常識是人類在十八歲以前學到的各種偏見。

「到咖啡廳就要喝咖啡。」
「只有喝酒才能乾杯。」
「跟主管吃飯最好點同樣的菜色。」

我們都有前述的「商業常識」，只是程度有別罷了。
主管應該主動破除這些常識。
如此一來，部屬才知道你不是一個僵化的主管，思維也會更加靈活。

所以，請在部屬面前摘下嚴肅的面具吧。
除了點甜品來吃以外，部屬找你商量問題時，你也可以主動打破嚴肅的氣息。好比率先解下領帶放鬆，或是脫掉身上的外套等。
跟部屬深入對談的時候，主管至少要留意這幾點。

31 尊敬年長部屬，不耍威也不刻意擺低姿態

最近，有越來越多主管不曉得怎麼跟「年長的部屬」溝通。我在舉辦演講或座談會時，很多人都希望我談論這個話題，代表這是很迫切的問題。

我在前文有講過，主管和部屬純粹是職掌不同，並沒有所謂的「上下關係」。因此，就算對方是你的部屬，你也不該直呼年長者的名字，或是用不敬的口吻來跟對方說話。

當然，主管也不用故意擺低姿態，但最基本的禮貌和尊重要有。稱呼對方的時

候，尊稱一下「大哥」或「大姐」都好。

近年來有些公司也規定，主管稱呼年紀小的部屬要加「先生」或「小姐」。這麼做代表對別人的尊重，我個人認為這是不錯的嘗試。

再來，年長又有經驗的部屬，常會背負主管過度的期待。主管習慣把年長的部屬視為優秀的戰力，而不是單純的基層員工，而且還希望他們為整個團隊多出力。

要對年長的部屬抱有期待不是不行，可是在拜託對方出力之前，你要實際觀察對方的人品和能力如何。

年長的部屬在其他人心中，畢竟有一定的存在感。對方若是一個急公好義的人，願意主動開導其他成員，那你不妨委以重任。

反之，對方要是跟不上時代，只會抱怨年輕人的做事方法，擾亂團隊的士氣，那就另請高明吧。

尤其那種不願嘗試新挑戰，只想苟且偷安做到退休的人，還有曾經當過主管，會在背地裡批評團隊作風的人，都要特別留意。

話雖如此，你還是不能輕視年長的部屬。

你要聆聽他們的意見，但不要隨便拜託他們指導部屬，或是給他們副手的權柄。

另外，有些年長的部屬認真嚴謹，待人處世卻不太高明。

好比沒當過主管的人，或是沒機會出人頭地的人都有類似的傾向。一般來說，他們都有某些不錯的本事，可惜不太擅長處理人際關係。

這種人跟剛才提到的年長部屬不同，他們很希望被別人依靠，對團隊做出貢獻。

所以，遇到這類型的年長部屬，你要了解他們的專長，請他們指點一二。

這樣對業務有很大的幫助，部屬本人也能滿足認同需求，雙方就可以建立良好的關係。

麻煩對方做事時，不妨用下列的說法：

「可否麻煩你指導那些年輕的成員呢？」

「請你教一下其他人業務技巧吧。」

「可否麻煩你每個月召開一次研討會呢？」

不要把對方當成普通的戰力，而是要告訴對方，他是團隊中值得依靠的對象。這種勸說方式，才是打動年長部屬的關鍵。

第5章

讓部屬心服口服的「賞罰習慣」

32 部屬失誤輕鬆以對，但嚴懲部屬知情不報

某主管A在部屬犯錯時，都會先對部屬破口大罵部屬，再質問部屬犯錯的原因，怪罪部屬粗心大意。

A認為主管必須表達強烈的憤怒，部屬才會深切反省自己的錯誤，所以他斥責部屬的口氣非常凶，態度也十分情緒化。那與其說是「斥責」，不如說是「怒罵」。

久而久之，部屬害怕被A臭罵，犯錯後乾脆知情不報，賭看看能否瞞天過海。大家犯錯都儘量拖延報告的時間。

結果，每次部屬都等到毫無轉圜餘地才來報告。A處理起來永遠慢半拍，而且都忙得焦頭爛額。

漸漸地，A的團隊氣氛越來越糟，根本無法培育部屬。

另一個B主管在部屬犯錯時，會用比較輕鬆的態度，關心部屬到底出了什麼事。不管情況有多嚴重，B都會溫言慰勞那些主動回報的部屬。

有些讀者可能認為，部屬犯錯還溫言相慰，這種做法未免太過天真，部屬肯定不會認真反省自己的錯誤。

不過，精通人才培育的主管，一定會慰勞部屬誠實的作為，鼓勵部屬報告問題。

因此，當部屬坦承自己犯錯，你不該把對方當成「犯錯的無能部屬」，而是要當成「勇於承認錯誤的部屬」。

另外，如果你用情緒化的方式怒罵部屬，部屬就會產生逃避的心態，不敢告訴你問題背後有什麼更重要的原因。如此一來，你也沒辦法冷靜分析現狀，反而本末倒置。

其實，犯錯的部屬多半都懂得自我反省。真正重要的是如何處理善後，並且改善今後的行動。

所以，主管要確實聆聽部屬的報告，了解整件事的前因後果。不要表現出高壓的態度，讓部屬可以儘量保持平常心。

然而，B也不是完全不會責備部屬。

部屬知情不報的時候，B才會嚴厲斥責對方。

「犯錯當然不是什麼好事，但就某種意義來說，犯錯是無可奈何的事情，只不過我希望你老實告訴我。你不主動跟我報告，我只好嚴懲不貸。」B會這樣事先告知斥責的標準。

有人說不會罵人的主管不是好主管。確實，主管完全不罵人也不行。可是，主管整天雞蛋裡挑骨頭，部屬會變得畏首畏尾，無法釐清真正重要的問題。因為主管太計較雞毛蒜皮的事，以至於部屬搞錯改善的優先順序。到頭來，部屬乾脆放棄思考，只做一些不會被罵的事情。

精通人才培育的主管，不會斥責小小的失誤。斥責僅限於重要的事情。

33 不要翻舊帳，最好當下犯錯就糾正

假設你的部屬做錯了某件事情。

身為主管的你看到部屬犯錯，卻沒有馬上提醒對方，因為你剛好在忙自己的工作，打算事後再提這件事。

十天後，你終於有時間了，就趁一對一談話的時候斥責犯錯的部屬。

忙碌的主管應該都有類似的經驗才對。

不過，這是非常糟糕的斥責方式。

搞不好部屬早就不記得十天前犯錯的細節了。

可能他連自己犯錯都忘了。

這時候才回顧問題，根本沒有任何意義。

況且事情已經過一段時間，部屬會覺得你在翻舊帳，所以最好別這樣做。

「上一次你的簡報有問題。」

「有件事我一直想提醒你。」

如果你發現自己習慣用這種方式斥責部屬，那就要特別當心了。

你也許認為自己是在提供建議，但部屬可能會有不滿或怨言。畢竟事情已經過去了，翻舊帳顯得你太小心眼，有問題就應該早點講才對。

能力好的主管會立刻斥責對方。

部屬犯錯後馬上斥責，對方才不會忘記自己犯錯，也不會被當成馬後炮。部屬比較容易接受你的建議，改善自己有問題的地方。

萬一部屬犯錯給其他人添麻煩，你必須先處理相關的補救措施，至少你也要點出部屬犯錯的事實，並且告訴對方，晚點有時間要跟他商量今後的對策。

以這種表達方式，部屬才會了解事情的嚴重性，就算你事後再提起，也不用擔心部屬有什麼怨言。

另外在斥責部屬時，請歸納一項重點斥責就好。這樣部屬才會立刻改善自己的問題。

很多主管都認為，在部屬改進以前要不斷斥責對方。然而，斥責的次數多不代表對方一定會改進。

關鍵是讓對方採取實際行動，改善自身的問題。

所以在斥責部屬時，要歸納出一個重點讓部屬立即改進。

如果你還提起過去犯下的錯誤，部屬會搞不清楚應該先改善哪一個問題。

再來，罵完以後部屬真有改進的話，也請即時稱讚部屬。切記，稱讚也要即時。

這樣才能強化對方的正向行動。

部屬被稱讚後，會明白什麼是正確的做事方法，並且把那種方法視為好習慣，持之以恆。

從斥責部屬到實際改善問題，總共有三個階段。分別是發現問題、嘗試改善問題、成功改善問題。

主管不只要提醒部屬問題所在，還要幫他們成功改善問題。

34 訂好斥責標準，不怕罵人

前文也說過，能力好的主管連罵人都很有一套。

不過，也有不少主管認為部屬是罵不得的。

某單位的A主管就是其中之一。

而且A對部屬積怨已久，無形中累積了很大的壓力，連搭電車不小心被撞到，都可以氣老半天。跟家人相處的時候，口吻也十分嚴厲。

這對A顯然不是一件好事。

像A這種不敢斥責部屬的人，過去多半有被怒罵或斥責的沉痛經驗。

「萬一部屬被罵以後辭職不幹怎麼辦？」

「部屬會不會心情不好？」

他們認為斥責部屬，雙方的關係一定會變差。

可是，斥責是培育人才重要的一環。

事實上，斥責可以大幅改變一個人的行為。有這種經驗的主管，會在必要的時機斥責部屬。

重點不是不能斥責，而是要**了解「正確的斥責方式」，讓罵人和被罵的一方都有好處**。

無能的主管罵人，有以下幾個共通的問題。

汙辱部屬的人格

「連這種事都做不好，你不覺得可恥嗎？」

「虧你這樣還叫大學生。」

像這種汙辱部屬人格的斥責方式，與部屬犯的錯誤完全無關，是最要不得的作法。罵人時請針對「部屬的行為」就好。

用比較的方式罵人

「跟你同梯的B比你優秀多了。」

「其他人都行，就你有問題。」

用這種比較的方式罵人，部屬會變得情緒化，不願意乖乖改善自己的缺失。要比較請拿當事人過去的行為來比。

斥責的內容顛三倒四

「上週主管叫我那樣做，我照做以後又被罵了。」

「同樣是遲到，菜鳥A遲到被罵，資深的B卻沒被罵。」

斥責必須顧及公平性和一致性，否則部屬不會改善缺失。要是非得朝令夕改，至少你要訴說改變的原因何在。

精通人才培育的主管，會事先說明自己罵人的原因。

舉例如下：

- 不斥責勇於挑戰的部屬，只斥責不敢挑戰的部屬。

- 不斥責犯錯的部屬，只斥責知情不報的部屬。

事先訂好斥責的標準，讓部屬知道這個標準，就不會破壞雙方的關係了。不敢斥責部屬的主管，請參考這個方法。

35 當面罵人，勝過用簡訊指責

以前我有一個部屬叫W，他是團隊中的開心果，只可惜業績一直不盡理想。

有一天，上司問我打算怎麼教育W。我平常就在煩惱W的事情，所以當天傍晚傳了這麼一通簡訊給他。

「這一季的業績似乎也不太好，你仔細想想未來該怎麼辦，明天再告訴我。」

我傳完簡訊後就回家了，在回程的電車中，W有打電話給我。當時已經下班了，我認為應該要給對方思考的時間，就沒有接電話或回電。

隔天，我一到公司，W就面色鐵青地跑來找我。我們一進會議室談話，W就誠惶誠恐地跟我道歉，態度跟平時判若兩人。

原來他看到簡訊後大受打擊，整晚都睡不著，一直擔心自己給公司添了麻煩。

短短幾行字的簡訊，竟然造成他那麼大的壓力，對此我十分後悔。做為一個主管，那次經驗帶給我很大的教訓。

簡訊是一種隨時都能用、十分方便的溝通方法。不過，一個溝通上的小誤會，很可能導致無法挽回的後果。

簡訊溝通無法看到對方的表情，我們只能依照「文字」判斷對方的狀況。

所以，對方傳來恭賀或感謝的言詞，我們看了會非常開心；反之，若是像我用簡訊責備或斥責部屬，對方很有可能會十分鬱悶。

況且簡訊是會留下紀錄的，被罵的人會反覆看主管罵人的簡訊，帶來不必要的困擾，我自己也有類似的經驗。

在斥責部屬時，**請儘量當著對方的面斥責**。

這樣部屬可以看到你的表情，不會自己嚇自己。另外，部屬有問題的話，你也能直接替他解惑。

萬一部屬不在你旁邊，而你又非得斥責對方不可，請打電話吧。打電話效果沒有當面講來得好，但雙方能透過聲音判斷彼此的語意，溝通時加入一些比較溫和的言詞，部屬也不會感受到太大的壓力。

近年來有些商業書寫道，傳簡訊內容要儘量簡潔，就算不是罵人也要言簡意賅。

現在省時的思維大行其道，才會帶動這樣的風潮，但我個人是對這種說法存疑的。

假如你的合作夥伴，二話不說就叫你限期提出報告，請問你會有好感嗎？即使雙方有深厚的信賴關係，一旦在溝通上有什麼誤會，這份信賴就有可能瓦解。

也有人表示，在公司內用短訊溝通無傷大雅。然而，上司和部屬只用短訊溝通，反而無法了解彼此的詳細情況。

從主管的角度來看，在忙碌時收到不明不白的簡訊，心情自然好不起來。而部屬看到過於簡短的訊息，也可能會胡亂揣測上意，產生不必要的擔憂。

節省訊息內容了不起也只能省下幾分鐘。

可是，跟部屬溝通是不能偷懶的。

36 稱讚要有憑有據，不能只憑感覺

我平日舉辦研討和座談會，經常接觸到一些不擅褒揚的主管。這些人共通的問題是，他們不希望自己的稱讚被當作客套話。

那麼，「稱讚」和「客套話」到底哪裡不同？

稱讚是針對「事實」發言，客套話則「並非事實」。

比方說，優秀的部屬在公司裡業績居冠，還成功簽下了大客戶，你稱讚對方了不起是沒有問題的。

毫無由來地稱讚對方，這才是問題所在。

其實，部屬很清楚你的稱讚是不是客套話。

不會培育人才的主管，還有不受部屬信賴的主管，特別喜歡講客套話，這會在無形中引起部屬的反感。

精通人才培育的主管，一定會說明讚美的「理由」。

這樣一來，就不會被當成客套話了。

「能簽下那樣的大客戶，真了不起。」

「是你引進那個新商品的吧？虧你找得到那麼棒的商品。」

「你這個月開拓了三件新客源，很厲害喔！」

「昨天你在會議上勇於發言，表現得非常出色。」

話雖如此，有時候你想稱讚部屬，不見得能找到明確的理由。再者，優秀的部屬聽到言不由衷的讚美，反而會不開心。所以，你要**利用第三者間接稱讚對方**。

「之前你的簡報資料，客戶給予很高的評價。能做出那麼簡單易懂的資料，真是了不起呢。」

「你之前告訴我的那家義大利餐廳，我帶客人去用餐，客人很喜歡店內的氣氛，謝謝你告訴我那麼棒的店。」

把第三者的讚譽告訴部屬，不但可以增加說服力，部屬意外獲得第三者的讚賞也會更加開心。

我們來比較下面兩種讚美方式。

1.「你竟然打敗A公司搶下標案，真了不起。」

2.「部長說，你打敗A公司搶下標案，非常了不起喔。」

第一種部屬聽了當然也很開心，但第二種會給對方一種意外的驚喜，喜悅之情想必會更加強烈。

切記，用這種讚美方式千萬不要說謊。

如果第三者沒有稱讚你的部屬，你卻捏造虛假的讚美，日後部屬跑去跟第三者道謝，第三者拆穿你的謊言，那你跟部屬的信賴關係就毀了。

這就是無憑無據的客套話了。

37 不只稱讚成果，還要稱讚努力的過程

上一章節提到，稱讚對方時要說明理由，但有些部屬的工作接近支援性質，做得再認真也得不到主管稱讚，主管只認為他們做得好是應該的。

比方說，像業務或推銷員這一類的工作性質，跟業績有直接關聯，而且要直接面對客戶，因此被稱讚的機會比較多。反之，像助理、事務員、會計這一類的職員，就沒什麼被稱讚的機會。

不懂得培育人才的主管，只會稱讚部屬的成果。

成果斐然的部屬一直被稱讚，其他人連被稱讚的機會也沒有，有時候犯點小錯還會被嚴厲斥責，這是非常不公平的待遇。

說來慚愧，以前我有一位設計企畫案的助手，就是這樣被我逼到離職的。那個部屬平常工作認真，也沒什麼怨言，他表明要辭職的時候，我真的被嚇到了。不過，後來我聽其他部屬說，那個部屬心裡對我很不滿。其他單位的主管都會慰勞助手的辛勞，我卻一副「做得好是理所當然」的態度。

我以為自己對待部屬十分和藹可親，但事後回想起來，我確實沒有好好稱讚對方。我在拜託對方處理急件時，頂多只會說句抱歉，也沒有誠心道謝。對此我非常後悔，這也代表主管很難察覺部屬的不滿。

精通人才培育的主管，會從一些微不足道的事情，或是日常的工作中，找機會稱讚部屬。像業務助理的工作比較單調，你應該稱讚他們做事細心，接案後處理得當，而不是把他們的努力視為理所當然。

切記多多注意部屬努力的過程和「理所當然」的工作。如此一來，你就會發現有很多稱讚部屬的機會。

做到這一步，你稱讚部屬的態度會更自然，主管當起來也比較輕鬆。

不習慣讚美別人的主管，**不妨表達你的感謝**。

「你做的契約書一向精確無誤，真是幫了『我』大忙。」

以主詞「我」的方式稱讚對方，就算對方謙稱「這沒什麼了不起啦」，你也能讓對方了解「我真的因此受益良多」。

漸漸地，即使部屬的工作內容看似不起眼，你也能夠自然而然地稱讚對方。

第 6 章

不浪費彼此時間的「開會習慣」

38 減少部屬開會頻率，只指派適合的會議

當上主管後，開會的次數也會增加許多。

有些人可能一天的大部分時間，都用在開會上。

有的會議相當有意義，也有那種光靠簡訊或社群軟體，就能解決的例行性會報。像那種例行性會報幾乎每個週都有，出席的成員也差不多，這種會議能不開就儘量不要開。

我以前當上主管，會過濾自己出席的所有會議，儘量減少參加某些會議的頻率，

好比每週參加改成隔週參加，或是想方設法縮短開會的時間等。

單就主管的立場而言，這樣做就夠了。

可是，部屬的情況就不同了。

我曾經參加某家公司的研修課程，想了解他們業務的行事流程。我發現他們開會的時間很多，跑業務的時間反而相對少。

而且，該公司的職員還會花很多時間，參加一些與個人業務不相關的會議。

比方說，行銷負責人會參加業務部的會議，業務部的年輕人會參加生產管理部的會議，學習生產管理的相關知識。當然，這些都還在可理解的範圍內。

問題是，有時候部屬按照主管的意思參加會議，卻連發言的機會也沒有；還有一種情況是客戶單獨來拜訪，主管卻找了四、五個部屬開會，商量如何接待對方。

因此，精通人才培育的主管，會思考該讓部屬參加哪些會議，哪些會議又該派什麼部屬參加比較妥當。

好的主管知道，部屬在什麼場合表現最好。

請從宏觀的角度進行檢討，再決定是否要派部屬參加會議。好比在派人參加前，先思考會議的內容是什麼？開會的用意是什麼？會上是否有值得部屬效法的人才？部屬能否吸收到新知？

若不符合前述條件，那就別叫部屬參加了。

例如開一次會要兩小時，本來要派五個人參加，今後派兩個人參加就好。

假設每個人一小時的工資是三千日元，光是做這個決定，就可以省下三個人兩小時的工資，換算起來等於一萬八千日元。

不僅如此，這三個人的時間還能用在其他工作上，實際效果更勝單純的金錢計算。

其實這種觀念不僅適用於開會，公司舉辦的研修課程也是一樣的道理，很多主管沒有經過深思就派部屬參與。

可是，精通人才培育的主管，會仔細思考課程內容是否合宜，除非有明確的參加理由，否則不會浪費部屬的時間。

時間是很寶貴的資源，尤其開會不是一定都有意義，每場會議的重要性，對每一個部屬都不相同。

主管要了解這一點，再指派部屬參加會議。

39 不事先決定面談內容，讓部屬主動開話題

某主管Ａ跟部屬單獨面談時，一定會事先準備好要聊的話題。他認為不做任何準備，是在浪費雙方溝通的時間。

然而，主管事先準備好要談的內容，就會發展成下列的對話模式。

「最近你似乎都拉不到客戶，今天來聊一下這件事吧。」

「這陣子，你常有製作企畫書的機會，來談一下企畫書的調製方法好了。」

各位覺得如何？有沒有太過嚴肅的感覺？

事實上，面談前準備得太充分，難得的談話機會反而會變成「工作進度會報」。

不過，部屬想談的事情，不見得跟日常業務有關。

在這種情況下，主管提問的語氣會越來越接近質詢，這樣的面談不是為部屬好，而是為主管自己好。

長此以往，雙方難以建立信賴關係。對部屬來說，跟你面談只是「痛苦的義務」。

精通人才培育的主管，不會事先決定對談內容。

他們會先閒聊幾句，再問部屬今天要談什麼，讓部屬決定對談主題。

這樣部屬才會專心投入，不會有事不關己的心態。

面談內容要以部屬關心的話題為主，好比他們在工作上遭遇的困難，或是想要找人商量的問題等。聊部屬關心的話題，部屬才會認真參與。

另外，一對一面談的時候，要主動問部屬今天想聊什麼。久而久之，部屬就會認真準備談話的內容，跟你深入對談。

當然，不是每一個部屬都會主動提供話題。

遇到這種情況，主管可以說一些自己的失敗經驗，或是自己遭遇過的問題。

這麼做部屬會產生安心感，也比較願意跟你坦誠相見。

面談的用意，是要解決部屬的難題。

因此，請不要搬出「你自己想搞清楚的問題」。

如果主管只想解決自己的問題，那麼這段時間對部屬並沒有意義。請談論部屬真正想聊的話題，替他們分憂解難吧。

一旦雙方建立起深厚的信賴關係，部屬也許會經常找你討論私人問題。部屬願意找你討論私人話題，代表部屬很信任你。

可是，你不必真的幫部屬解決問題，懂得聆聽部屬的煩惱，表現出你的同理心才是重點。

畢竟職場外的事情，主管很難提供精確的建議，就算提供了也沒辦法負責。況且，部屬也不是真的要尋求意見，多半只是想找個人訴苦罷了。

40 一對一面談，不評價工作，讓部屬暢所欲言

某主管A認為，一對一面談是探討工作評價的好機會。

當然，他不會直接斷定部屬的工作好壞，但他總是詢問部屬的工作成果，以及部屬的工作近況。

想當然，那些都是主管自己感興趣的話題。

部屬也會故意粉飾太平，來維持主管對自己的評價。

然而，這種面談無法建立真正的信賴關係。

有的讀者可能會問，提出疑問了解部屬的狀況，給予對方適當的評價不好嗎？

請別誤會，給予部屬適當的評價，幫助部屬成長確實是主管的職責。只要你的疑問能精確掌握部屬的狀況，並提出良好的建議幫助對方成長，這就是一種良性的關係。

問題是，大多數的主管和部屬，難以建立真正的信賴關係，彼此還各懷鬼胎。部屬缺乏對主管的信賴，有問題也不會主動找主管商量。

前文提到的A主管，表面上跟部屬處得不錯，其實還是有感受到雙方的代溝。

歸根究柢，工作成果本來就有好有壞，部屬遇到壞事還願意找你討論，這才是真正的信賴關係。

相對地，B主管**在一對一面談時，絕不會談到工作評價**。

他認為主管的職責，是培養雙方的信賴關係，從旁協助部屬成長。所以，提供部屬一個暢所欲言的環境，才是面談的首要之務。

做到這一點，部屬才敢說出自己的煩惱或問題，不會顧忌主管的評價。

多跟部屬溝通，持續舉行一對一面談有三大好處。

防止部屬突然離職

優秀的部屬容易厭倦一成不變的工作。

我曾經聽過一個案例，某個部屬告訴他的主管，他對現在的工作感到厭倦，所以打算轉換跑道，他的主管得知後非常震驚。

到頭來，主管仔細聆聽那位部屬的要求，將他調到商品企畫的部門，給予他不一樣的活躍機會。

溝通有防止年輕人才外流的效果。

部屬會主動回報問題

某主管持續跟部屬進行一對一面談，本來部屬遇到問題都沒有即時回報，後來雙方建立起了信賴關係，部屬一有壞消息都會即時反應。

建立起真正的信賴關係，對工作效率和工作品質都有影響。

部屬會充滿活力

一對一面談最大的好處，在於激發部屬自動自發的精神。尤其在實際面談的場合，部屬不必顧忌上下關係，也比較敢說出自己想嘗試的新點子。

如果主管和部屬都很在意對方的評價，溝通起來絕不會有前述的三種好處。這也代表營造一個暢所欲言的環境非常重要。

第 7 章

提高工作品質的「休息習慣」

41 休息時不滑手機，多活動身體

很多人會利用休息時間滑手機，例如確認社群網站上的新文章、閱讀新聞報導等等，一有空就不由自主地拿來玩。

不過，休息時用手機調劑身心，反而會留下一種疲憊的感覺，相信不少人都有類似的經驗。

事實上，休息時滑手機身心會更加疲勞。

本來應該利用休息時間，放鬆自己，重新養精蓄銳。結果用這段時間滑手機，注意力都集中在別的事情上面，當然會更疲勞。

我平時會寫書或製作研修課程教範，就算文思泉湧，寫久了一樣會累，累了腦袋就轉不過來。

假設我在休息時滑手機，剛好看到棒球運動的新聞，就會很認真地一直看下去，甚至開始上網搜尋其他相關訊息，一下子就浪費了十幾分鐘。

之後急忙回過頭來工作，效率也好不到哪裡去。

腦袋還比休息前更不靈光。

這也難怪，我的注意力都放在網路新聞上，大腦完全沒休息到。

況且，主管平時還要顧及公司內外的大小事。

難得的休息時間拿來消耗自己體力，這不是一位好主管該做的事情。

能力好的主管會利用休息時間活動身子。

某主管A休息的時候，偶爾會稍微看一下手機，但大多數情況下會選擇散步，或做點柔軟運動。

A每天都過得精神抖擻，休息後也能專心工作。

像散步這一類輕微的運動，有提高專注力的效果，這是經過科學證明的。

所以，在休息或工作遇到瓶頸時，更應該多活動身體。

這個時代的主管，無時無刻都要處理電子郵件。

有些主管告訴我，公司會發給他們電腦或手機，害他們下班也忙著處理工作郵件，結果一天二十四小時都很忙碌。

遇到這種情況，同樣要多活動身體。

當你覺得自己需要放鬆的時候，請到一個可以活動身體的環境，或者做一些有助於放鬆的日常活動。

如果方便的話，請多離開座位活動筋骨。部屬在場的時候，不妨告訴他們你要出去活動一下。

不然主管整天待在座位上，部屬也不好意思起身活動。主動說出你要去活動筋骨，說不定部屬還會跟你一起去。

42 不故作堅強，懂得承認失落和重新振作

A主管認為，主管不可以在部屬面前表現出失落的樣子。就算受到再大的打擊，也絕不能柔弱示人。

的確，主管在部屬面前灰心喪氣，對整個團隊不是一件好事。可話說回來，人難免有失落的時候。

「團隊的銷售業績，已經好幾個月沒達標了。」

「優秀的部屬怎麼突然說要離職？」

「開會時，上司斥責團隊的表現不佳。」

「部屬一直犯同樣的錯誤，講都講不聽。」

A表面上故作堅強，內心裡還是會失落。

失落或多或少會影響工作表現。

A欺騙自己的心情，表面上裝作若無其事，卻遲遲無法擺脫失落的影響。

有這種毛病的人，要改變一下思考方式。

重點不是不能失落，而是如何盡快重新振作。

能力好的主管有一套重新振作的方法。

某單位的B主管明白，失落是無可避免的事情。他雖然不會在部屬面前抱怨，但情緒低落的時候，他會用半開玩笑的方式說出自己的失落。

換句話說，B懂得承認自己的失落。

不過，想要重新振作起來，不能光靠嘴巴說說而已。所以B在情緒失落時，有一套重新振作的方法，好比回想最近很愉快的事情，或是安排一段時間做自己喜歡的工作等，幫助自己擺脫低迷的情緒。

重新振作的方法主要有兩大類。

認同自己好的一面

其中一種方法，就是找出自己的優點重拾信心。

- 發現自己的強項。
- 回想過去的成功經驗。
- 讚嘆自己目前表現良好的工作。

想一些可以增加信心、讓自己更快樂的事情，你會發現自己並非一無是處。

做一些有成就感的簡單工作

第一個方法是從心理層面力求振作，其實，專注於某些「作業」也有重振心神的效果。

尤其是那些可以讓你獲得成就感的工作，好比計算經費這一類單純的業務，或是從事自己喜歡的工作等。不妨花一點時間，去做些輕鬆簡單的工作。

行動有轉換心情的效果，透過行動獲得成就感，情緒自然會跟著改變。
主管應該掌握這兩種提振心神的方法。

43 學會天天讓壓力歸零，不累積到隔天

當上主管壓力當然也特別大。

不少主管都懷念在基層服務的時代，畢竟一個人埋頭苦幹比較輕鬆自在。

不過，主管運籌帷幄得當，可以做到一些基層辦不到的大型工作。

現代社會的變化速度越來越快，隨著新的科技誕生，各種新的工作也不斷落到我們的頭上。

無奈在人力不足的情況下，許多公司只好增加員工的工作量和業務範圍。

在這種前景不明的時代，主管的責任也比以前更大了。

所以，主管必須努力調適自己的心情，以免累積太大的壓力。

一個主管的優劣，也會呈現在消除壓力的方法上。

無能的主管會趁放長假再來消除壓力。

某A主管每年有三次長假，其中兩次會到海外渡假聖地，或是去歐洲或東南亞等充滿魅力的國家旅遊。剩下一次則回鄉下老家，跟以前的老朋友見面遊玩。

這種方法本身沒有什麼不好。

我的朋友當中，也有人一放長假就跑去夏威夷。對他來說去夏威夷是一種動力，為了去夏威夷玩，他會全心全意努力工作。

有些公司不曉得為什麼，讓員工很難請長假，所以主管率先放假也是一件好事。

可是，A平日累積了很大的壓力，身旁的親朋好友都很擔心他。他只有放假前後的那段時間氣色不錯，剩下的時間看起來都非常痛苦。

換言之，靠放長假來消除壓力並不實際。

主管必須有短期內消除壓力的方法，好比利用週末放鬆一下等。

具體方法有開車兜風、泡溫泉、沖浪、練瑜伽、參訪寺廟、學習陶藝之類的。然而，這樣平日還是沒辦法消除壓力。

能力好的主管懂得每天消除壓力，絕不會讓壓力累積到隔天。

例如，閱讀自己喜歡的書籍、去喜歡的書店或咖啡廳、去風景漂亮的高台、去充滿綠意的環境、去看得到大海的地方等。

最好做一些可以獨自消除壓力的事情，否則每次都要依賴別人，可能會給對方添麻煩。

能力好的主管不只會在工作結束後消除壓力，在工作過程中一旦感受到太大的壓力，也會想方設法解決。比方說去附近的便利商店吃甜食，或是稍微去散散步。

有壓力最好馬上解決，這才是好主管的行事之道。

後記
堅持這些工作好習慣，助你成為一流主管

感謝各位的耐心閱讀。

最後，我還有一件事要告訴大家。

不論經歷什麼樣的失敗，都不要放棄當一個好主管。

我看過很多能力好的主管，那些號稱一流的企業家和主管，背地裡都經歷過無數的失敗。

只要不屈不撓堅持到底，就有機會成為一流主管，這也是我的親身經驗。

也有很多人實踐我在書中提到的訓示，最終成為一流的主管。

他們跟我說，自從實踐了我的方法，不但建立出一支公司內最棒的團隊，營業額在短期內有極大的改善，而且員工離職率降低，部屬也變得自動自發。

其實，有些人一開始對我說的話半信半疑。

他們能獲得這麼棒的成績，主要就是勇於嘗試新方法，並且持之以恆。

失敗一、兩次就放棄成為好主管，我認為這是非常可惜的事情。

的確，要成為一個好主管，沒有什麼速效性的方法。

很多主管非常苦惱，因為他們感受不到自己有在成長。

不過，持續追求自己嚮往的主管形象，有朝一日必定會進步。

如果各位看完這本書，有興趣嘗試書中的方法，那麼請務必持之以恆，就算只嘗試一項也沒關係。

這是成為一流主管的第一步。

本書要是能幫助你和你的團隊，身為作者的我也非常欣慰。

附錄
高效領導者時時提醒自己的百大金句

1.「力量足以征收一切，但獲得的勝利並不長久。」

——亞伯拉罕．林肯（Abraham Lincoln），美國第十六任總統

2.「勞工若覺得自己在做有意義的工作，則製作的產品必定精良。」

——皮哈爾．吉林哈默（Pehr G. Gyllenhammar），富豪集團（Volvo）前總經理

3.「年紀漸長不會讓人變得頑固，成功才會。剛愎自用的成功者，在需要變革的時候，

也會被自己的信心蒙蔽，無法選擇其他的道路。」

——鹽野七生，日本歷史作家

4.「愛人如愛己。」

——西鄉隆盛，日本江戶時代末年薩摩藩武士

5.「鐘鼎山林各有天性。」

——西鄉隆盛，日本江戶時代末年薩摩藩武士

6.「這世上不可能每個人都與你為敵，正如不可能每個人都與你為善。」

——西鄉隆盛，日本江戶時代末年薩摩藩武士

7.「迷失自己，會失去他人信賴。失去他人信賴，就會失去所有。」

——西鄉隆盛，日本江戶時代末年薩摩藩武士

8.「努力不會馬上成功。不過，努力不會背叛你。一般人都誤以為努力會馬上成功，當他們沒看到成果，就會選擇放棄。也許每個人天資不一樣，但只要肯努力，幾年內一定會有成果。努力，不該貪功躁進。成果是一點一點得到手的。」

——野村克也，日職二戰後首位三冠王的棒球名將

9.「一流人物與二流人物最大的不同，在於能否克制情緒。在任何情況下都要保持平常心，這才是成功的關鍵。」

——野村克也，日職二戰後首位三冠王的棒球名將

10.「承認自己的錯誤。」

——野村克也，日職二戰後首位三冠王的棒球名將

11.「拿破崙曾言，恐懼與利益是驅策他人的兩大誘因。確實如此，但領導者帶領組織，

還需要另一項潤滑劑，那就是『幽默』。」

——野村克也，日職二戰後首位三冠王的棒球名將

12.「想要發掘人才、培育人才，你得先記住一句話，成見和先入為主的觀念都是罪惡。」

——野村克也，日職二戰後首位三冠王的棒球名將

13.「各位美國人民，不要問國家能為你做什麼，要問你能為國家做什麼。」

——約翰．甘迺迪（John Kennedy），美國第三十五任總統

14.「有良知的人不會苛求完美，而是在發現錯誤後厲行改正。」

——佐久間象山，日本江戶末期思想家

15.「過去領導者的責任是下達命令，未來領導者的責任在於聆聽。」

——彼得．杜拉克（Peter Drucker），現代管理學之父

16.「我用了三個傑出的人才，這就是我得天下的原因。」

——劉邦，中國漢朝（西漢）開國皇帝

17.「我並不恨任何人，因為我沒那個時間。」

——黑澤明，日本電影導演

18.「後悔也改變不了過去。」

——松下幸之助，日本企業家

19.「溝通時要用對方聽得懂的語言，否則溝通不可能成功。當你在使用語言表達時，要記住這樣的教訓。」

——彼得．杜拉克，現代管理學之父

20.「人才是最堅固的城牆。」

——武田信玄，日本戰國時代名將

21.「我有萬物，萬物都是我的老師。」

——松下幸之助，日本企業家

22.「不敗不是最大的榮譽，失敗後重新站起來才是。」

——孔子，儒家學派創始人

23.「想要吸引別人的注意，你得先對自己提出的事情有興趣。」

——約翰．莫萊子爵（John Morley, 1st Viscount Morley of Blackburn），英國政治家

24.「卓越的人才，永遠是那些持續追求進步的人。」

——夏爾沛吉（Charles Péguy），法國詩人

25.「只懂得採收，不懂得培育，這種人無法邁向成功。」

——埃爾溫．貝爾茲（Erwin Bälz），德國內科醫生

26.「身居高位者謙虛對待下人，才能得到民心。」

——《易經》

27.「有優秀人才而不知，知道了卻不錄用，這是上位者的過失。」

——《大學》

28.「上位者態度不好，我們不要用同樣方式對待部屬。部屬態度不好，我們不要用同樣方式對待上司。前輩的做法不好，我們不要用同樣方式對待前輩。旁人的做法不得當，我們不要用同樣方式對待旁人。」

——《大學》

29.「想要瞭解花朵，要先瞭解種子。」

——世阿彌，日本室町時代初期的演員與劇作家

30.「不明白自己的尊貴，何以成大事？」

——北大路魯山人，日本藝術家

31.「滴水穿石，得道者一任天機。」

——《菜根譚》

32.「如果有人要你做低下的工作，你就把那樣工作做到天下第一的地步。如此一來，你就會受到眾人的景仰。」

——小林一三，日本實業家

33.「失敗不要氣餒，想方設法彌補失敗就好。」

——陸奥宗光，日本明治時代的政治家和外交官

34.「成功者必反求諸己，而不怪罪他人。」

——堤康次郎，日本明治時代的政治家和外交官

35.「有些人看似無能，但天下之大，一定有適合他的工作。這世上永遠有活躍的機會，只要努力找一定找得到。」

——橋本左內，日本江戶時代末期的思想家

36.「降魔先降心。」

——《菜根譚》

37.「無知是知。」

——蘇格拉底，古希臘哲學家

38.「找出比自己更有才幹的人，將重責大任交給他們，這才是我們該掌握的能力。」

——安德魯·卡內基（Andrew Carnegie），美國鋼鐵大王

39.「日日是好日。」

——雲門文偃，中國唐末五代時的佛教僧侶

40.「不要當感情的奴隸，要當習慣的奴隸。」

——班傑明．富蘭克林（Benjamin Franklin），美國政治家

41.「不是難以到手的東西才有價值。」

——班傑明．富蘭克林，美國政治家

42.「錄用人才前要張大眼睛，錄用後要睜隻眼閉隻眼。」

——班傑明．富蘭克林，美國政治家

43.「把你的失敗告訴朋友，這是對朋友的信賴。把朋友的失敗告訴對方，這是偉大的信賴。」

——班傑明．富蘭克林，美國政治家

44.「優秀的記憶力人人稱羨，但遺忘的能力才叫了不起。」

——阿爾伯特・哈伯德（Elbert Hubbard），美國作家

45.「善意解釋對方的語言，這才是真正聰明的作法。」

——威廉・莎士比亞（William Shakespeare），英國大文豪

46.「被人說閒話也不必在意，對方要如何看待你，那是對方的問題。」

——阿爾弗雷德・阿德勒（Alfred Adler），奧地利心理學家

47.「勇於與眾不同，才得以立定志向。」

——吉田松陰，日本德川時代末期的思想家和教育家

48.「我們必須順應時代的變化，同時保有不變的原則。」

——吉米．卡特（Jimmy Carter），美國第三十九任總統

49.「我這輩子的煩惱，有九成九都是不必要的。」

——馬克．吐溫（Mark Twain），美國幽默大師

50.「思考自己的極限，你就會瞭解自己能做到什麼。」

——塞謬爾．斯邁爾斯（Samuel Smiles），英國道德學家

51.「不做決定有時候比做錯決定更糟糕。」

——亨利．福特（Henry Ford），美國汽車工程師

52.「永遠有更好的方法，要努力找出來。」

——湯瑪斯・愛迪生（Thomas Edison），美國發明家

53.「保持樂觀，不必追悔過去，也不必忐忑面對未來，專注於現在就好。」

——阿爾弗雷德・阿德勒，奧地利心理學家

54.「員工推薦的菜色，基本上我都會提供給客人。我從來沒有反駁員工的建議，拒絕他們提出的菜色。當然，我明白有些菜色賣相並不好。好比吐司蕎麥麵純粹是碳水化合物的聚合體，根本不可能賣得好，最後還是放棄了。然而，再怎麼沒賣相的點子，我還是會擺到菜單上。隨便拒絕員工的建議，到頭來不會有人願意提供點子，也沒人敢暢所欲言。」

——丹道夫，日本實業家

55.「成果不好也不要太計較，這樣員工才會安心留在公司，努力鍛鍊自己的本事，慢慢成為公司的無形資產。」

——丹道夫，日本實業家

56.「凡事不要太依賴行動準則，你可以努力為公司貢獻，來回報公司的知遇之恩，你也可以努力追求名聲和回報。只要你覺得對自己有利，你就應該自動自發去做，不要等上司的許可。靠自己的意志工作，你連說一聲『歡迎光臨』都會很有誠意。」

——丹道夫，日本實業家

57.「近江出身的伊藤忠兵衛，十分講究傳統商人的行商倫理。他努力創造三贏的局面，也就是對賣家有利、對買家有利、對世間也有利。只顧追求自己的利益，就算獲得一時的成功，早晚會陰溝裡翻船。如果每個人都講究這種倫理，到頭來大家都會得利。從這個角度來看，努力創造三贏的局面是一種合理的作法，絕不只是好聽的場面話。誠實面對自己，盡可能替社會做出貢獻，這樣的工作心態十分重要。因此，我一直要求自己和員工，工作要保持誠懇、正直、美德。」

——丹羽宇一郎，日本外交官

58.「上司叫部屬加油，部屬只會覺得自己被逼著幹活。在他們聽來這句話的意思是，上司我要去打高爾夫了，你們要好好加油。有人望的領導者，會說大家一起加油。這兩種講法有很大的不同，後者的意思是，領導者自己也會同進退，背後隱含著共同奮鬥的寓意。」

——新將命，日本作家

59.「我並不在意你失敗，我只在意你有沒有爬起來。」

——亞伯拉罕・林肯，美國第十六任總統

60.「治大國如烹小鮮。」

——老子，中國道教學說的創始人

61.「人皆知有用之用，而莫知無用之用也。」

——莊子，中國道家學派的代表人物

62.「蝸牛角上爭何事。」

——莊子，中國道家學派的代表人物

63.「偏移好球帶的左右兩邊不行，但上下偏移還有點用處。」

——權藤博，日本前職棒選手

64.「別人不願做的工作，你要搶先去做。不要在意他人目光，只要思考怎麼做對村子更有利。你把該做的事情處理好，其他人才有辦法完成他們的工作。像你這樣的人一定會有好報，老天爺會獎勵你的正直。」

——二宮尊德，日本江戶時代後期農政家

65.「所謂的模範，指的就是完美的表率。我們都不是完人，不可能凡事做到百分百完美。我們能做的，就是在每一個當下尋找妥協點。」

——聖雄甘地，印度國父

66.「賢人和愚人的差別，在於是否好學。」

——福澤諭吉，日本明治時期的思想家

67.「要經得起苦，才會有收穫，人生就是不斷地學習。」

——夏爾沛吉，法國詩人

68.「我不是一個好的經營者，也懶得計算數字，所以我都交給優秀的部屬來。」

——井深大，日本企業家

69.「請各位自由發言，這裡沒有人會妨礙你們發言。如果你們不願提出見解，那我雇用你們來本田上班沒意義。你們才是企業邁向新時代的動力。」

——本田宗一郎，日本企業家

70.「物理和科學這一類的東西，都是一種工具，有需要再來學就好。哲學或信念這些東西，才是最難培養的。」

——井深大，日本企業家

71.「未來需要的人才，不是那種只會處理命令的類型。有能力發現新事物，而且人品卓絕，會考慮到別人的幸福，我認為這才是未來需要的人才。」

——井深大，日本企業家

72.「成功的祕訣，就是不斷地追求進步。」

——萊斯·保羅（Les Paul），電吉他之父

73.「不要思考自己缺什麼，要思考自己有什麼。」

——厄尼斯特．海明威（Ernest Hemingway），美國小說家

74.「勝者會找出任何問題的解答，敗者只會找解答的任何問題。」

——羅伯特．安東尼（Robert Anthony），美國心理學家

75.「世上沒有一雙適合所有人的鞋子，正如沒有一種人生祕訣適合所有人。」

——卡爾．榮格（Carl Jung），瑞士心理學家

76.「想一步登天的人注定失敗，每天慢慢改進自己的缺點才是王道。」

——藤田田，麥當勞日本公司的日本創始人

77.「部屬犯錯時，千萬不要嚴懲對方。上司該做的是，是恢復部屬的信心。」

——傑克・威爾許，（Jack Welch），奇異（GE）前執行長

78.「當你的部屬積極追求夢想，你卻在他們失敗後厲行嚴懲，這是在摧毀你自己的優勢。」

——傑克・威爾許，奇異前執行長

79.「有不懂的事情，跟你的部屬學習。如果他們都比你優秀，那就更理想了，不用擔心你沒辦法領導他們。」

——傑克・威爾許，奇異前執行長

80.「有勇氣召集比自己更聰明的人才，這才是優秀的領導。」

——傑克・威爾許，奇異前執行長

81.「技術人員只懂得在失敗時反省，不懂得在成功時反省，他們不會去瞭解自己為何成功。」

——本田宗一郎，日本企業家

82.「弱者不懂寬容，寬容才是堅強的證明。」

——聖雄甘地，印度國父

83.「不管你有什麼想法，付諸實踐才是關鍵。」

——本田宗一郎，日本企業家

84.「課長、部長、社長、盲腸，這幾樣東西沒什麼差別，只是名詞罷了。頭銜只是為了貫徹命令系統而設計的名詞，跟一個人的價值無關。」

——本田宗一郎，日本企業家

85.「仿傚他人，是在浪費自我特質。」

——科特・柯本（Kurt Cobain），美國音樂家

86.「不管別人稱讚或批評你，那都無關緊要，你沒必要自亂陣腳。」

——阿姜查（Achaan Chaa），泰國僧侶

87.「追求成功的過程中，持久力比速度重要。」

——邁爾康・福布斯（Malcolm Forbes），《富比士》發行人

88.「懂得『去蕪存菁』，才能從大量訊息中，獲得自己想要的資料。」

——羽生善治，日本將棋棋士

89.「如果你覺得某個人辦事，有六成的成功機率，那就交給他去做吧。」

——松下幸之助，日本企業家

90.「十個人比一個人強，如何團結眾人才是關鍵。」

——松下幸之助，日本企業家

91.「就算是眾人一起決定的事情，一旦採用以後，你就該負起所有的責任。勇於承擔責任，才稱得上是負責人。」

——松下幸之助，日本企業家

92.「如果有人說你的部屬不夠嚴謹，不足以擔當大任，你不能就這樣剝奪部屬的機會。你應該先好好觀察部屬，看看實際情況究竟如何。然而，不夠嚴謹的人往往有意想不到的點子，說不定還很擅長開拓新客源。」

——丹羽宇一郎，日本外交官

93.「要培育優秀的部屬，你得當個擅於診斷的企業醫師。」

——丹羽宇一郎，日本外交官

94.「塑造一個暢所欲言的環境並不難，上司多多關心部屬就行了。」

——丹羽宇一郎，日本外交官

95.「實際上戰場時，很少有人能保持冷靜。」

——吉田松陰，日本德川時代末期的思想家和教育家

96.「謀定而後動，不謀定就不敢動的人，誤會了這句話的真意。」

——吉田松陰，日本德川時代末期的思想家和教育家

97.「任何事都不該放棄。」

——勝海舟，日本海軍的始祖人物

98.「治理務必寬宏大量。」

——勝海舟，日本海軍的始祖人物

99. 「一個人的言論正確，不代表他言行一致。」

——《論語》

100. 「子曰，剛毅木訥，近仁。」

——《論語》

資料來源：http://yukihiro-yoshida.com/entry/1st-leader

翻轉學　翻轉學系列 033

高效領導者的工作好習慣

真正的強勢管理，來自 43 個反直覺的關鍵原則

リーダーの「やってはいけない」

作　　者　吉田幸弘
譯　　者　葉廷昭
總 編 輯　何玉美
主　　編　林俊安
封面設計　張天薪
內文排版　黃雅芬

出版發行　采實文化事業股份有限公司
行銷企畫　陳佩宜・黃于庭・馮羿勳・蔡雨庭
業務發行　張世明・林踏欣・林坤蓉・王貞玉・張惠屏
國際版權　王俐雯・林冠妤
印務採購　曾玉霞
會計行政　王雅蕙・李韶婉・簡佩鈺
法律顧問　第一國際法律事務所　余淑杏律師
電子信箱　acme@acmebook.com.tw
采實官網　www.acmebook.com.tw
采實臉書　www.facebook.com/acmebook01

I S B N　978-986-507-131-8
定　　價　330 元
初版一刷　2020 年 6 月
劃撥帳號　50148859
劃撥戶名　采實文化事業股份有限公司
104 台北市中山區南京東路二段 95 號 9 樓
電話：(02)2511-9798　傳真：(02)2571-3298

國家圖書館出版品預行編目資料

高效領導者的工作好習慣：真正的強勢管理，來自 43 個反直覺的關鍵原則 / 吉田幸弘著；葉廷昭譯 . -- 台北市：采實文化，2020.06
248 面；14.8×21 公分 . --（翻轉學系列；33）
譯自：リーダーの「やってはいけない」
ISBN 978-986-507-131-8（平裝）
1. 管理者 2. 企業領導 3. 組織管理
494.2　　109005489

采實出版集團
ACME PUBLISHING GROUP

廣　告　回　信	
台北郵局登記證	
台北廣字第03720號	
免　貼　郵　票	

采實文化　采實文化事業有限公司

104台北市中山區南京東路二段95號9樓

采實文化讀者服務部　收

讀者服務專線：02-2511-9798

高效領導者的工作好習慣

真正的強勢管理，來自43個反直覺的關鍵原則

リーダーの「やってはいけない」

翻轉學

翻轉學系列專用回函

系列：翻轉學系列033

書名：**高效領導者的工作好習慣**

讀者資料（本資料只供出版社內部建檔及寄送必要書訊使用）：

1. 姓名：
2. 性別：□男　□女
3. 出生年月日：民國　　　年　　　月　　　日（年齡：　　　歲）
4. 教育程度：□大學以上　□大學　□專科　□高中（職）　□國中　□國小以下（含國小）
5. 聯絡地址：
6. 聯絡電話：
7. 電子郵件信箱：
8. 是否願意收到出版物相關資料：□願意　□不願意

購書資訊：

1. 您在哪裡購買本書？□金石堂　□誠品　□何嘉仁　□博客來
   □墊腳石　□其他：＿＿＿＿＿＿＿＿＿＿（請寫書店名稱）
2. 購買本書日期是？＿＿＿年＿＿＿月＿＿＿日
3. 您從哪裡得到這本書的相關訊息？□報紙廣告　□雜誌　□電視　□廣播　□親朋好友告知
   □逛書店看到　□別人送的　□網路上看到
4. 什麼原因讓你購買本書？□喜歡心理類書籍　□被書名吸引才買的　□封面吸引人
   □內容好　□其他：＿＿＿＿＿＿＿＿＿＿＿＿＿＿＿＿（請寫原因）
5. 看過書以後，您覺得本書的內容：□很好　□普通　□差強人意　□應再加強　□不夠充實
   □很差　□令人失望
6. 對這本書的整體包裝設計，您覺得：□都很好　□封面吸引人，但內頁編排有待加強
   □封面不夠吸引人，內頁編排很棒　□封面和內頁編排都有待加強　□封面和內頁編排都很差

寫下您對本書及出版社的建議：

1. 您最喜歡本書的特點：□實用簡單　□包裝設計　□內容充實
2. 關於商業管理領域的訊息，您還想知道的有哪些？

   ＿＿＿＿＿＿＿＿＿＿＿＿＿＿＿＿＿＿＿＿＿＿＿＿＿＿＿＿＿＿

   ＿＿＿＿＿＿＿＿＿＿＿＿＿＿＿＿＿＿＿＿＿＿＿＿＿＿＿＿＿＿
3. 您對書中所傳達的內容，有沒有不清楚的地方？

   ＿＿＿＿＿＿＿＿＿＿＿＿＿＿＿＿＿＿＿＿＿＿＿＿＿＿＿＿＿＿

   ＿＿＿＿＿＿＿＿＿＿＿＿＿＿＿＿＿＿＿＿＿＿＿＿＿＿＿＿＿＿
4. 未來，您還希望我們出版哪一方面的書籍？

   ＿＿＿＿＿＿＿＿＿＿＿＿＿＿＿＿＿＿＿＿＿＿＿＿＿＿＿＿＿＿

   ＿＿＿＿＿＿＿＿＿＿＿＿＿＿＿＿＿＿＿＿＿＿＿＿＿＿＿＿＿＿

翻轉學

翻轉學

翻轉學

翻轉學